彩图 1　假冒复合肥料
（缓释长效锌动力）

彩图 2　假冒复合肥料
（螯合三铵）

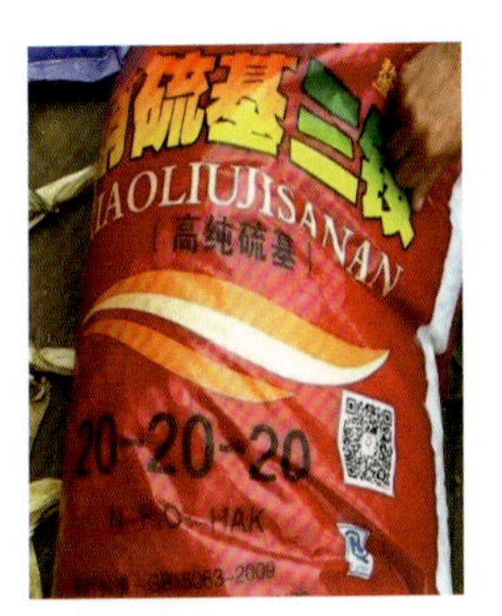

彩图 3　假冒复合肥料
（硝硫基三铵）

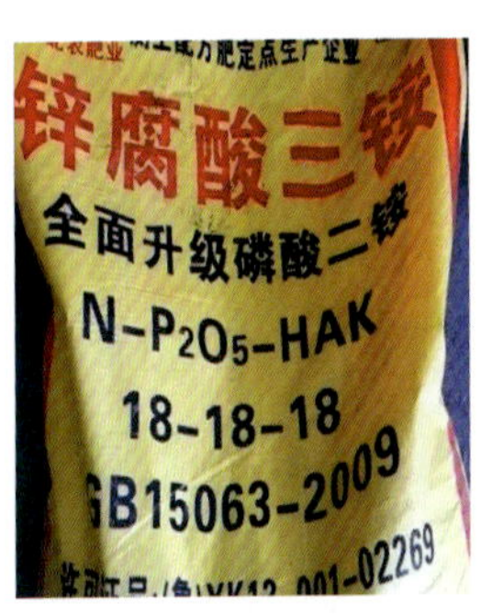

彩图 4　假冒复合肥料
（锌腐酸三铵）

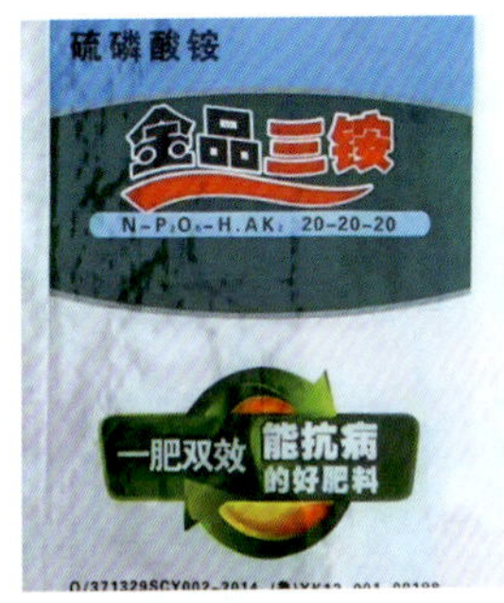

彩图 5　假冒复合肥料
（金品三铵）

彩图 6　假冒复混肥料

彩图 7　假冒复合肥料（第 4 能量）

彩图 8　假冒复合肥料（金铵 60）

彩图 9　葡萄条状沟施肥

彩图 10　葡萄行间深沟施肥

彩图 11　葡萄滴灌施肥

彩图 12　葡萄叶面喷肥

彩图 13　葡萄缺氮症状

彩图 14　葡萄缺磷症状

彩图 15　葡萄缺钾症状

彩图 16　葡萄缺钙症状

彩图 17　葡萄缺镁症状

彩图 18　葡萄缺铁症状

彩图 19　葡萄缺锌症状

彩图 20　葡萄缺硼症状

彩图 21　葡萄水肥一体化技术

彩图 22　葡萄园秸秆覆盖技术

彩图 23　葡萄园生草栽培技术

彩图 24　葡萄避雨栽培

果蔬科学施肥技术丛书

葡萄科学施肥

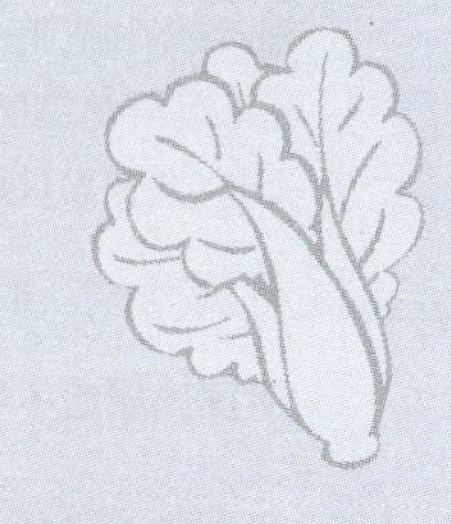

主　编　宋志伟　徐进玉

副主编　朱改芝　李宏伟

参　编　张瑞芳　王艺斐　李　平

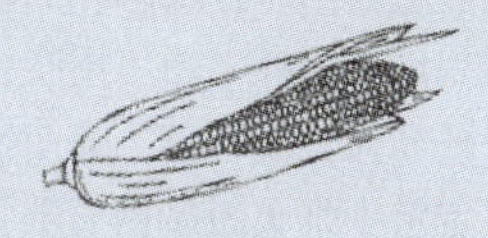

机械工业出版社

本书在阐述葡萄营养与需肥规律、葡萄生产中的常用肥料、葡萄的合理施肥等的基础上，重点介绍了葡萄测土配方施肥技术、葡萄营养诊断施肥技术、葡萄营养套餐施肥技术、葡萄水肥一体化技术、葡萄有机肥替代化肥新技术、设施栽培葡萄科学施肥等科学施肥新技术及应用，并对健康合格葡萄、绿色葡萄、有机葡萄的科学施肥做了阐述。书中插入了“施肥歌谣”“温馨提示”“身边案例”等栏目，体例新颖，更方便读者理解。

本书内容针对性强、实用价值高，适合广大果农、各级农业技术推广部门、肥料生产企业使用，也可供土壤肥料科研教学部门的科技人员、肥料经销人员阅读参考。

图书在版编目（CIP）数据

葡萄科学施肥/宋志伟，徐进玉主编. —北京：机械工业出版社，2024.7
（果蔬科学施肥技术丛书）
ISBN 978-7-111-75909-6

Ⅰ.①葡…　Ⅱ.①宋…　②徐…　Ⅲ.①葡萄栽培-施肥　Ⅳ.①S663.106

中国国家版本馆 CIP 数据核字（2024）第 105935 号

机械工业出版社（北京市百万庄大街 22 号　邮政编码 100037）
策划编辑：高　伟　周晓伟　　责任编辑：高　伟　周晓伟　刘　源
责任校对：樊钟英　薄萌钰　　责任印制：单爱军
保定市中画美凯印刷有限公司印刷
2024 年 7 月第 1 版第 1 次印刷
145mm×210mm · 6 印张 · 2 插页 · 201 千字
标准书号：ISBN 978-7-111-75909-6
定价：35.00 元

电话服务　　网络服务
客服电话：010-88361066　　机　工　官　网：www.cmpbook.com
010-88379833　　机　工　官　博：weibo.com/cmp1952
010-68326294　　金　　书　　网：www.golden-book.com
封底无防伪标均为盗版　　机工教育服务网：www.cmpedu.com

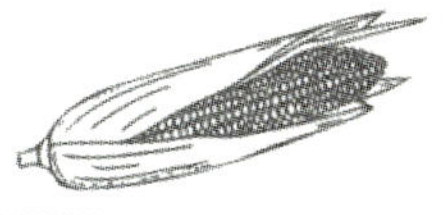

前言

葡萄是我国落叶果树中的主要栽培树种之一，葡萄科葡萄属木质藤本植物，属于浆果类果树。葡萄适应性强，经济效益高，在我国各地广泛栽培，主要产区有新疆、黄土高原区、晋冀京、环渤海湾、黄河古道及南方欧美杂交种产区等。我国鲜食葡萄产量多年稳居世界首位。

肥料是葡萄生产的物质保障，肥料供给充足与否直接影响葡萄的产量、质量和生产效益的高低。根据对全国15个省（自治区、直辖市）葡萄施肥情况的调查，葡萄施肥存在的主要问题有施肥过量、施肥时期不合理、施肥方法不合理，导致树体生长不够稳健，肥料利用率不高，用肥成本增加，污染环境。科学施肥，不仅能源源不断地提供和补充葡萄树的营养，而且可调节各营养元素间的平衡，使各种营养元素的作用发挥到最大，保证葡萄高产、稳产、优质、低耗和减少环境污染，满足《到2020年化肥使用量零增长行动方案》中的促进节本增效、节能减排的现实需要，对保障国家农产品质量安全和农业生态安全具有十分重要的意义。为此我们组织有关科技人员编写了本书，旨在把葡萄科学施肥知识传授给果农，改变葡萄传统施肥观念，掌握葡萄科学施肥新技术，并自觉地将其运用于葡萄生产中，生产出更安全更优质的葡萄，满足人民群众的美好生活需要。

本书在阐述葡萄营养与需肥规律、葡萄生产中的常用肥料、葡萄的合理施肥等的基础上，重点介绍了葡萄测土配方施肥技术、葡萄营养诊断施肥技术、葡萄营养套餐施肥技术、葡萄水肥一体化技术、葡萄有机肥替代化肥新技术、设施栽培葡萄科学施肥等科学施肥新技术及应用，并对健康合格葡萄、绿色葡萄、有机葡萄的科学施肥做了阐述。为了方便学习，书中插入了“施肥歌谣”“温馨提示”“身边案例”等栏目，使葡萄科学施肥有了更好的针对性、科学性、实用性、操作性，方便指导果农科学施肥。

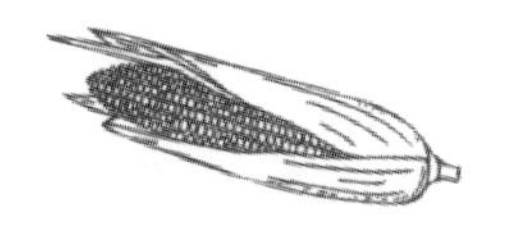

需要特别说明的是，本书所用肥料及其使用剂量仅供读者参考，不可照搬。在实际生产中，所用肥料学名、常用名和实际商品名称有差异，肥料用量也有所不同，建议读者在使用每一种肥料之前参阅厂家提供的产品说明，以确认肥料用量、使用方法、使用时间及禁忌等。

本书在编写过程中得到河南省舞钢市乡村产业发展中心、舞钢市农业综合行政执法大队、开封市蔬菜科学研究所、开封市土壤肥料工作站及河南农业职业学院等单位领导和有关人员的大力支持，在此表示感谢。本书在编写过程中参考引用了许多文献资料，在此谨向其作者深表谢意。

由于编者水平有限，书中难免存在疏漏和错误之处，敬请专家、同行和广大读者批评指正。

编　者

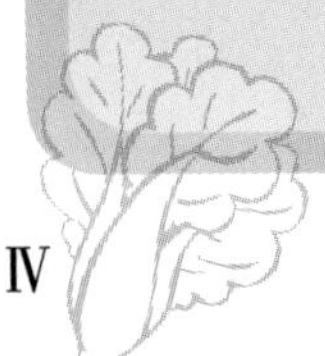

目录

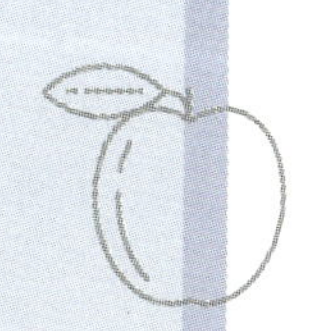
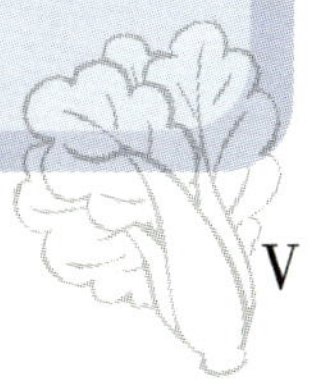

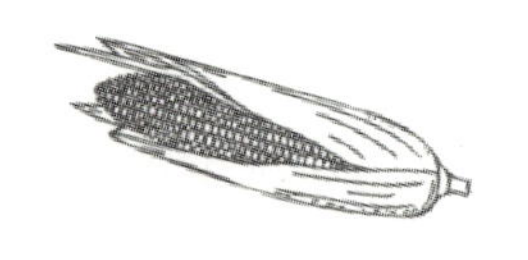

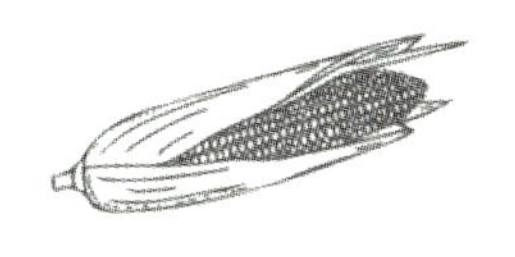

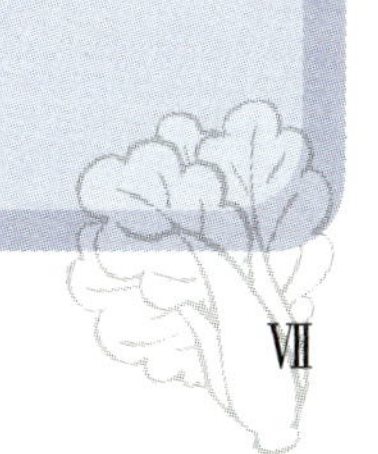

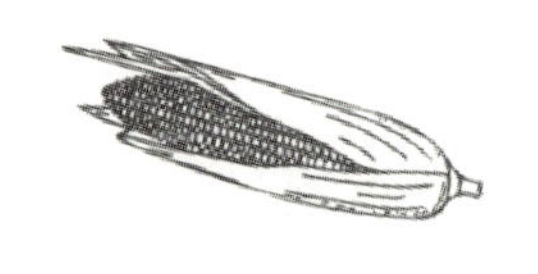

第一章

葡萄营养与需肥规律

葡萄是多年生藤本植物，其生命周期为几年甚至十几年，不仅存在着生命周期的需肥规律，还存在着年生育周期的需肥规律，因此与大田作物和蔬菜的需肥特点有很大差别。

第一节 葡萄生长发育的营养元素

营养元素被葡萄吸收进入树体内后，还需要经过一系列的转化和运输过程才能被利用，并且不是每种营养元素对葡萄生长都是必需的。因此，要做到科学施肥，就必须清楚葡萄所需的各种营养元素及其在树体中的作用，这样才能做到有的放矢，达到预期效果。

一、葡萄生长发育的营养元素种类

到目前为止，已经确定葡萄生长发育所必需的营养元素有16种，即碳（C）、氢（H）、氧（O）、氮（N）、磷（P）、钾（K）、钙（Ca）、镁（Mg）、硫（S）、铁（Fe）、锰（Mn）、锌（Zn）、铜（Cu）、钼（Mo）、硼（B）、氯（Cl）。葡萄对上述营养元素的需要量是不一样的，其中对碳、氢、氧、氮、磷、钾6种元素的需要量大，通常称为大量营养元素；对钙、镁、硫3种元素的需要量中等，通常称为中量营养元素；对铁、锰、锌、铜、钼、硼、氯7种元素的需要量少，通常称为微量营养元素。由于碳、氢、氧、氯等一般不需要通过施肥来解决，因此从葡萄营养与施肥的角度出发，主要考虑氮、磷、钾、钙、镁、硫、铁、锰、锌、铜、钼、硼等必需营养元素的适量供应及其在树体中的转化与积累等问题。

温馨提示

在16种必需营养元素中，氮、磷、钾是葡萄需要量大和收获时带走较多的营养元素，而它们通过残茬和根的形式归还给土壤的数量却不多，常常表现为土壤中有效含量较少，需要通过施肥加以调节，以供葡萄吸收利用。因此，氮、磷、钾被称为肥料三要素。

二、葡萄生长发育所需营养元素的作用

各种必需营养元素都是葡萄正常生长发育不可或缺的，在其树体内具有独特的生理作用，不能相互代替。各种必需营养元素的来源不同，在葡萄树体内的作用也不相同（表1-1）。

表1-1　葡萄必需营养元素的生理作用

元素名称	生理作用
碳	光合作用的原料；淀粉、蛋白质、脂肪等重要有机化合物的组成元素
氢	作为水分的组成元素参与一切生理生化过程；淀粉、蛋白质、脂肪等重要有机化合物的组成元素
氧	呼吸作用的原料；参与水和二氧化碳的组成；淀粉、蛋白质、脂肪等重要有机化合物的组成元素
氮	蛋白质、酶、核酸、核蛋白、叶绿素、维生素、激素等重要物质的组成元素；增强葡萄光合作用，参与树体内各种代谢活动，调控其生命活动
磷	葡萄树体内许多重要物质（核酸、核蛋白、磷脂、酶等）的组成元素；在糖代谢、氮素代谢和脂肪代谢中起重要作用；能提高树体抗寒、抗旱等能力
钾	葡萄树体内60多种酶的活化剂，参与代谢过程。能促进叶绿素合成，促进光合作用；是呼吸作用过程中酶的活化剂，能促进呼吸作用；增强树体抗旱、抗高温、抗寒、抗盐、抗病、抗倒伏、抗早衰等能力
钙	构成细胞壁的重要元素，参与形成细胞壁；能稳定生物膜的结构，调节膜的渗透性；能促进细胞伸长，对细胞代谢起调节作用；能调节养分离子的生理平衡，消除某些离子的毒害作用

（续）

元素名称	生理作用
镁	叶绿素的组成元素，并参与光合磷酸化和磷酸化作用；是许多酶的活化剂，具有催化作用；参与脂肪、蛋白质和核酸代谢；是染色体的组成元素，参与遗传信息的传递
硫	蛋白质和许多酶中不可缺少的元素；参与合成其他生物活性物质，如维生素、谷胱甘肽、铁氧还蛋白、辅酶 A 等；与叶绿素的形成有关，参与固氮作用；合成树体内的挥发性含硫物质，如大蒜油等
铁	许多酶和蛋白质的组成元素；影响叶绿素的形成，参与光合作用和呼吸作用的电子传递；促进根瘤菌作用
锰	多种酶的组成元素和活化剂；是叶绿体的结构成分；参与脂肪、蛋白质合成，参与呼吸过程中的氧化还原反应；促进光合作用和硝酸还原作用；促进胡萝卜素、维生素、核黄素的形成
铜	多种氧化酶的组成元素；是叶绿体蛋白——质体蓝素的成分；参与蛋白质和糖代谢；影响葡萄繁殖器官的发育
锌	许多酶的组成元素；参与生长素合成；参与蛋白质代谢和碳水化合物的运转；参与葡萄繁殖器官的发育
钼	固氮酶和硝酸还原酶的组成元素；参与蛋白质代谢；影响生物固氮作用；影响光合作用
硼	能促进碳水化合物运转；影响酚类化合物和木质素的生物合成；促进花粉萌发和花粉管生长，影响细胞分裂、分化和成熟；参与葡萄生长素类激素的代谢；影响光合作用
氯	能维持细胞膨压，保持电荷平衡；促进光合作用；对气孔有调节作用；抑制葡萄病害的发生

第二节　葡萄的需肥特点

葡萄生长发育需要消耗大量的营养，这些营养一方面靠根系从土壤中吸收，另一方面依靠叶片光合作用同化大气中的二氧化碳制造有机养分，供给根、茎、叶、花、果的生长和发育。由于土壤中的营养供给有限，大量的营养需要施肥来满足，因此，充分了解葡萄的需肥特点，合理、及时、充分保障葡萄植株的营养供给，是保证葡萄生长健壮、优质、稳产的重要前提条件。

一、葡萄植株需肥的特殊性

葡萄为多年生植物，对养分的吸收利用不同于一般作物，主要表现在以下方面：

1. 葡萄多年生特性与贮藏养分特点

葡萄为多年生藤本植物，在根和枝蔓中贮藏有大量营养物质，如碳水化合物、含氮物质和矿质元素。这些贮藏物质在夏末秋初由叶向枝干、根系回运，早春又由器官向新生长点调运，供应前期萌芽、芽的分化和枝叶生长发育的需求。贮藏营养物质对于保证树体健壮、丰产和稳产具有重要作用。葡萄根系庞大，可广泛深入不同层次土壤吸收养分；同时由于根系长期生长在同一土壤空间，从中吸收养分，往往造成局部根域的养分缺乏，对于难以移动的养分则更不利，因而葡萄的缺素症相对农作物、蔬菜更为常见。对于成龄葡萄树，在土壤中已发生营养缺乏的情况下，还可能连续几年表现“正常”生长，并且继续结果。但当缺素症一旦明显地表现，则需多年的努力才能逐渐矫正过来。

2. 葡萄需肥量大

葡萄生长旺盛，结果量大，因此对土壤养分的需求也明显比农作物、蔬菜多。研究表明，葡萄生产 100 千克果实，吸收氮约 0.30 千克，与蜜柑、柿子近似，比桃、梨、苹果分别高达 20%、42.8% 与 100%；吸收磷（P_2O_5）约0.15 千克，比梨、柿子多 87.5%，比蜜柑、苹果、桃分别多1.5 倍、6.4 倍和 14 倍；吸收钾（K_2O）约 0.36 千克，比桃、蜜柑、梨、苹果分别多 9%、80%、80%、125%。氮、磷、钾总吸收量明显高于其他 5 种果树（表 1-2）。

表 1-2　6 种果树形成 100 千克果实所吸收的氮、磷、钾的量

（单位：千克）

种类	氮（N）	磷（P_2O_5）	钾（K_2O）	氮磷钾之和
葡萄	0.30	0.15	0.36	0.81
桃	0.25	0.01	0.33	0.59

（续）

种类	氮（N）	磷（P_2O_5）	钾（K_2O）	氮磷钾之和
柿子	0.30	0.08	0.26	0.64
蜜柑	0.30	0.06	0.20	0.56
梨	0.21	0.08	0.20	0.49
苹果	0.15	0.02	0.16	0.33

3. 葡萄需钾量大

葡萄也称钾质果树，整个生长期都需要大量钾素，其需要量居三要素之首，也显著超过其他果树（表1-2）。如果钾素供应不足，叶片不能制造淀粉和脂肪酸，硝态氮增多，则叶片少而小，叶缘焦枯，新梢减少，果柄变为褐色，果粒萎缩或开裂，着色不良，糖分低，味酸，品质差，植株抗寒、抗旱能力降低。在一般生长条件下，其对氮、磷、钾的需求比例为1∶0.5∶1.2，因此生产上必须重视钾的供应。

4. 葡萄需钙、镁、硼等元素多

除钾外，葡萄对钙、镁、硼等元素的需要量也明显高于其他果树，特别是钙素在葡萄吸收的营养中占有重要比例，远高于苹果树、梨树、柑橘树等，且对产量和品质影响较大。葡萄整个生长发育期直至果实成熟都不断吸收钙。镁也是葡萄不可缺少的营养元素之一，但其吸收量只为氮的1/5以下，大量施用钾肥容易导致镁缺乏。葡萄是需硼较高的果树，对土壤中的硼含量极为敏感，如果不足就会发生缺硼症。

二、葡萄不同器官的养分吸收特点

1. 养分分布差异

葡萄树体中约有63.5%的氮集中在枝干、叶，约66.6%的磷集中在枝干、根，约48.4%的钾集中于果实，约56%的钙集中在枝干中，50%的镁集中在主干。在对树体各部位主要营养元素含量分析的基础上得出葡萄全树含氮、磷、钾、钙、镁的比例是1∶0.59∶1.10∶1.36∶0.09。葡萄中5种主要营养元素含量由多到少的顺序为钙、钾、氮、磷、镁，生产施肥中要注意其营养平衡。

不同营养元素在同一时期的同一器官中含量也不同。葡萄叶片中氮的含量最高，通常为2%~4%，其次是钙，与氮含量基本接近；再次是钾，一般在0.5%~2.1%；其他依次是镁、磷。

2. 养分吸收差异

(1) 根系 葡萄生长发育所需的主要必需营养元素基本上都是从土壤中吸收的，根系是葡萄吸收养分的主要器官。根系吸收的养分一部分满足自身生长需要，绝大部分随水分向地上部分转移，通过输导组织的木质部导管输送到枝、叶、花、果实中去。各器官因所处生长发育阶段不同，要求根系吸收养分的种类和数量也不相同。根据各器官不同阶段的需求，根系选择性地吸收不同种类和数量的养分供给这些器官。土壤中各种养分比例平衡时，根系可以良好地完成吸收任务，一旦某些元素缺乏或过剩，根系就无法从量的意义上加以选择。

(2) 叶片 叶片是进行光合作用、制造有机养分的重要器官，也能通过叶面气孔和角质层吸收养分。从叶片结构来看，叶的正面和背面都可以吸收养分，但叶背面具有较多的气孔，而且表皮层下面具有疏松的海绵组织，细胞之间间距大，有利于养分和代谢物进出，因此，叶背面较正面有更强的吸收功能。从叶片叶龄角度来看，低龄幼叶的生理代谢功能旺盛，气孔所占比例较大，细胞间隙相对较大，易于养分进入；而老叶中部分表皮及输导组织枯死，角质层较厚且木栓化，代谢功能退化，吸收养分的能力较差。从叶片生长的各个阶段来看，均可进行叶面追肥，但以叶片迅速生长至开始衰老前的时间内吸收功能最强。

(3) 新梢、果皮、骨干枝等 新梢、果皮、不带粗皮与死皮的低龄骨干枝、刮去粗皮和死皮的枝干及其他绿色组织的表皮，有与叶片相似的皮孔组织及细胞间隙，所以对各种营养物质同样有较强的吸收能力。从吸收强度和养分运转速度方面比较，低龄组织的表皮吸收功能要强于老龄者；生长季节的吸收及转移速度要大于非生长季节。目前，这种养分吸收方式的应用范围日益广泛，如早春和生长季枝干喷施或涂抹锌、钙、镁肥等。

根据日本学者（山形园试，1977）的葡萄水培试验结果，氮、磷、钾、钙、镁等元素均以果实吸收最多，其次分别是叶片、茎和根。4年生葡萄对氮、钙、钾、磷、镁的吸收量依次是132克、130克、103克、22克、17克。马之胜等人对5年生葡萄的研究结果表明（表1-3），1000米^{2}葡萄园产量1500千克，树体各部位吸收的氮、磷、钾分别为8.84千克、4.16千克、10.23千克，其比例为1∶0.47∶1.16；其中果实吸收的氮、磷、钾分别为2.55千克、2.10千克、7.50千克，其比例为1∶0.82∶2.94。果实吸

收的氮、磷、钾分别占总吸收量的28.8%、50.5%、73.3%，钾吸收量最多。

表1-3　5年生葡萄1年内各器官年生长量与三要素吸收量

（单位：千克/1000米^2）

种类	年生长量	氮（N）	磷（P_2O_5）	钾（K_2O）
果实	1500	2.55	2.10	7.50
叶片	430	3.35	0.90	1.51
新梢	187	0.82	0.34	0.52
老枝	43	0.16	0.07	0.13
新根	268	1.96	0.75	0.57
总计	2428	8.84	4.16	10.23

三、葡萄在不同物候期的养分吸收特点

葡萄在年生长周期经历萌芽、开花、坐果、果实发育、果实成熟等过程，在不同物候期因生育特性的不同，对养分种类及量的需求也不同。

据马之胜等人的研究表明（表1-4），氮、钾的吸收以开花期最多，磷的吸收以花序分离到开花期最多，钙的吸收主要在生长后期，镁无明显变化。树液流动期以氮和钙最多，一直持续到花序分离期；开花期钾含量增多，持续到果粒增大期；自着色期开始钙的含量又增加。

表1-4　不同物候期矿质元素在葡萄植株（干重）体内的变化

（单位：克/千克）

物候期	氮（N）	磷（P_2O_5）	钾（K_2O）	钙（CaO）	镁（MgO）	总量
树液流动期	43.6	14.3	13.9	37.4	12.4	121.6
萌芽期	42.4	14.1	13.6	37.1	6.1	113.3
花序分离期	98.3	30.2	49.6	57.7	25.7	261.5
开花期	113.3	36.9	84.0	70.7	29.5	334.4
果粒膨大期	94.8	28.6	46.5	38.0	27.3	235.2

（续）

物候期	氮（N）	磷（P_2O_5）	钾（K_2O）	钙（CaO）	镁（MgO）	总量
着色期	78.0	27.0	48.9	84.6	25.2	263.7
浆果完熟期	73.8	24.5	45.9	83.4	22.9	250.5
落叶期	70.6	21.1	34.6	80.4	21.8	228.5
休眠期	41.5	18.0	18.7	46.5	16.3	141.0

张绍铃等人在山西清徐对巨峰葡萄叶片中各种矿质元素含量进行测定（1999），结果表明：巨峰葡萄叶片氮、磷、钾含量均以5月15日最高，以后呈下降趋势，6月中旬~7月中旬含量相对稳定；钙含量在前期迅速增加，后期下降，并保持一定水平；钙、镁在8月中旬~9月中旬含量水平相对稳定。微量元素中，葡萄叶片中铁、锰含量以7月15日最高，前期保持相对稳定，后期铁有所下降、锰有所增加；铜含量以5月15日最高，以后逐渐下降；锌含量也以5月15日最高，以后保持一定水平（表1-5）。

表1-5　巨峰葡萄叶片（干重）不同时期矿质元素含量的变化

时期	五要素/(克/千克)					微量元素/(毫克/千克)			
	氮	磷	钾	钙	镁	铁	铜	锰	锌
5月15日	27.4	1.1	12.4	9.7	2.2	352	12	39	75
6月15日	23.9	1.1	7.2	11.9	2.1	341	10	35	41
7月15日	23.5	1.1	5.9	19.8	2.5	516	10	55	38
8月15日	19.7	0.8	5.8	14.2	1.8	356	5	38	38
9月15日	22.8	0.9	9.1	14.1	1.7	256	6	43	45
10月15日	19.6	0.8	7.4	14.2	1.5	143	6	47	53

综合上述研究，葡萄对营养元素的吸收自萌芽后不久就开始，吸收量逐渐增加，分别在末花期至转色期和采收后至休眠前有两个吸收高峰，高峰期的出现与葡萄根系生长高峰正好吻合，说明葡萄新根发生和生长与营养吸收密切相关。其中，末花期至转色期吸收的营养元素主要用于当年的枝叶生长、果实发育、形态建成等，采收后至休眠前吸收的营养元素主要用于贮藏营养的生成与积累。

一年之中，在葡萄生长发育的不同阶段，对不同营养元素的需求种类

和数量也有明显不同。一般从萌芽至开花前主要需要氮素和磷素，开花期需要硼素和锌素，幼果生长至成熟需要充足的磷素和钾素，到果实成熟前则主要需要钙素和钾素。从萌动、开花至幼果初期，需氮量最多，约占全年需氮量的 64.5%；磷的吸收则随枝叶生长、开花坐果和果实增大而逐步增多，至新梢生长最盛期和果粒增大期而达到高峰；钾的吸收虽从展叶抽梢开始，但以果实肥大至着色期的需钾量最多；开花期需要硼素较多，花芽分化、浆果发育、产量品质形成需要大量的磷、钾、锌等元素，果实成熟需要钙素，而采收后需要补充一定的氮素营养。葡萄对铁的吸收和转运都很慢，叶面喷施硫酸亚铁类化合物效果不佳。

四、葡萄在不同产量水平下的养分吸收特点

中国农业大学的研究人员曾选择京郊产量不同的 7 个葡萄园，对叶柄矿质养分含量进行测定。结果表明，氮、磷、钾三要素中以钾含量最高，随着产量提高，叶片中含钾量增加；氮、磷、钙在叶柄中的含量与产量高低变化不明显；镁随产量提高，在叶柄中的含量呈下降趋势（表 1-6）。

表 1-6　不同产量水平的葡萄园中叶柄（干重）的矿质元素含量

（单位：克/千克）

地点	产量/（千克/亩*）	氮（N）	磷（P_2O_5）	钾（K_2O）	钙（CaO）	镁（MgO）
团河 1 号西园	325	7.00	1.20	6.18	30.0	15.3
天坛河	350	5.69	1.51	13.1	33.5	10.2
团河 1 号东园	1000	6.42	0.90	10.1	32.7	11.4
团河 12 号园	1500	5.98	1.10	17.3	30.5	9.4
南辛庄 3 队	1500	7.42	3.63	22.8	35.8	6.1
南辛庄 8 队	>1500	6.24	1.28	18.4	33.5	6.5
周家港	1500~2000	6.47	2.08	19.4	32.2	5.4

* 1 亩≈666.7 米^2。

日本中川曾于 1960 年测定了葡萄产量与氮、磷、钾、钙、镁吸收量的关系，总的趋势是随着产量增加，氮、钾、钙的吸收量增加较多，磷、镁的较少。不同产量水平下氮的吸收量比磷增加 1 倍，钾的吸收量比氮增

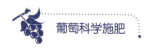

加 16.7%，氮、磷、钾的吸收比例为 1∶0.50∶1.17（表 1-7）。

表 1-7　葡萄产量与养分吸收量的关系（单位：克/米^2）

产量	氮（N）	磷（P_2O_5）	钾（K_2O）	钙（CaO）	镁（MgO）
100	0.6	0.3	0.7	0.9	0.1
500	3.0	1.5	3.5	4.5	0.5
1000	6.0	3.0	7.0	9.0	1.0
1500	9.0	4.5	10.5	13.5	1.5
2000	12.0	6.0	14.0	18.0	2.0
2500	15.0	9.5	17.5	22.5	2.5

第二章

葡萄生产中的常用肥料

只有生长健康的葡萄树才能生产出健康而品质优良的水果产品，而健康的葡萄树，除了从土壤中吸收一部分营养元素外，还需要通过施用肥料来满足其对养分的需要。因此，科学施用肥料对葡萄树健康生长尤为重要，常用的肥料类型主要有有机肥料、生物肥料、化学肥料三大类，以及在此基础上研制开发的新型肥料等。

第一节　有机肥料

有机肥料按其来源、特性、积制方法、未来发展等方面综合考虑，可以分为四类，即农家肥、秸秆肥、绿肥、商品有机肥。

一、农家肥

农家肥是农村就地取材、就地积制、就地施用的一类自然肥料，主要包括人畜粪尿、厩肥、禽粪、堆肥、沤肥、沼气肥、饼肥等。

1. 人粪尿

（1）性质与特点　人粪中的有机物主要是纤维素、半纤维素、脂肪、蛋白质、氨基酸、各种酶等，还含有少量粪臭素、吲哚、硫化氢、丁酸等臭味物质；无机物主要是钙、镁、钾、钠的硅酸盐、磷酸盐和氯化物等盐类。新鲜人粪约含氮（N）1.0%、全磷（P_2O_5）0.5%、全钾（K_2O）0.3%，一般呈中性。

人尿含约95%的水分、5%的水溶性有机物和无机盐类，主要为尿素（占1%~2%）、氯化钠（约占1%），以及少量的尿酸、马尿酸、氨基酸、磷酸盐、铵盐、微量元素和微量的生长素（吲哚乙酸等）。新鲜的尿液为浅黄色透明液体，不含微生物，因含少量磷酸盐和有机酸而呈弱酸性。

（2）科学施用 人粪尿一般先制成堆肥，再用作基肥。如果直接施用，一般每亩施用量为2000~3000千克，还应配合其他有机肥料和磷、钾肥。单独积存的人粪尿可加3~5倍的水或加适量的化肥追施。南方果农习惯泼浇水肥，北方果农习惯随水灌施，效果均好。

（3）适宜土壤 人粪尿适用于各种土壤，尤其是含盐量在0.05%以下的土壤，具有灌溉条件的土壤，以及雨水充足地区的土壤。但对于干旱地区灌溉条件较差的土壤和盐碱土，施用人粪尿时应加水稀释，以防止土壤盐渍化加重。

2. 家畜粪尿及厩肥

（1）家畜粪尿的成分 家畜粪的成分较为复杂，主要是纤维素、半纤维素、木质素、蛋白质及其降解物、脂肪、有机酸、酶、大量微生物和无机盐类。家畜尿的成分较为简单，全部是水溶性物质，主要为尿素、尿酸、马尿酸和钾、钠、钙、镁的无机盐。家畜粪尿中养分的含量，常因家畜的种类、年龄、饲养条件等不同而有差异，表2-1中是各种家畜粪尿主要养分的平均含量。

表2-1 各种家畜粪尿主要养分的平均含量（鲜基,%）

家畜种类	水分	有机质	氮（N）	磷（P_2O_5）	钾（K_2O）	碳氮比（C/N）
猪	粪	82.0	15.0	0.56	0.40	0.44
	尿	96.0	2.5	0.30	0.12	0.95
马	粪	75.8	21.0	0.50	0.03	0.03
	尿	90.1	7.1	1.20	0.01	1.50
牛	粪	83.3	14.5	0.32	0.25	0.15
	尿	93.8	3.5	0.80	0.03	1.30
羊	粪	65.5	31.4	0.65	0.50	0.30
	尿	87.2	8.3	1.40	0.03	2.10

（2）厩肥的成分 不同的家畜，由于饲养条件不同和垫圈材料的差异，各种和各地厩肥的成分有较大的差异，特别是有机质和氮含量差异更显著（表2-2）。

表 2-2 新鲜厩肥中主要养分的平均含量（%）

种类	水分	有机质	氮（N）	磷（P_2O_5）	钾（K_2O）	钙（CaO）	镁（MgO）	硫（SO_3）
猪厩肥	72.4	25.0	0.45	0.19	0.60	0.08	0.08	0.08
牛厩肥	77.5	20.3	0.34	0.16	0.40	0.31	0.11	0.06
马厩肥	71.3	25.4	0.58	0.28	0.53	0.21	0.14	0.01
羊厩肥	64.3	31.8	0.083	0.23	0.67	0.33	0.28	0.15

厩肥的半腐熟特征可概括为“棕、软、霉”，完全腐熟可概括为“黑、烂、臭”，腐熟过劲可概括为“灰、粉、土”。

（3）科学施用 厩肥中氮的当季利用率不高，一般为20%~30%，磷的当季利用率一般为30%~40%，钾的当季利用率高达60%~70%。因此，施用厩肥时，应因土和厩肥养分的有效性，配施相应的不同种类与数量的化学肥料。一般质地黏重、排水差的土壤，应施用腐熟的厩肥，而且不宜耕翻过深；对砂质土壤，则可施用半腐熟厩肥，翻耕深度可适当加深。葡萄的厩肥施用量一般每亩为2000~4000千克，可全园撒施耕翻或采用条状沟施肥。

3. 堆肥

堆肥是利用秸秆、杂草、绿肥、泥炭、垃圾和人畜粪尿等废弃物为原料混合后，按一定方式进行堆制的肥料。

（1）堆肥的性质 堆肥的性质基本和厩肥类似，其养分含量因堆肥原料和堆制方法不同而有差别（表2-3）。堆肥一般含有丰富的有机质，碳氮比较小，养分多为速效态；堆肥还含有维生素、生长素及微量元素等。

表 2-3 堆肥中的养分含量

种类	水分（%）	有机质（%）	氮（N,%）	磷（P_2O_5,%）	钾（K_2O,%）	碳氮比（C/N）
高温堆肥	—	24~42	1.05~2.00	0.32~0.82	0.47~2.53	9.7~10.7
普通堆肥	60~75	15~25	0.40~0.50	0.18~0.26	0.45~0.70	16.0~20.0

堆肥的腐熟是一系列微生物活动的复杂过程。堆肥初期是矿质化过程占主导，堆肥后期则是腐殖化过程占主导。其腐熟程度可从颜色、软硬程

度及气味等特征来判断。半腐熟的堆肥材料组织变松软易碎，分解程度差，汁液为棕色，有腐烂味，可概括为“棕、软、霉”。腐熟的堆肥，堆肥材料完全变形，呈褐色泥状物，可捏成团，并有臭味，特征是“黑、烂、臭”。

（2）科学施用　堆肥主要作为基肥，每亩施用量一般为3000~5000千克。施用量较多时，可以全耕层均匀混施；施用量较少时，采用条状沟施肥。

堆肥还可以作为追肥施用。作为追肥时应提早施用，并尽量施入土中，以利于养分的保持和肥效的发挥。堆肥和其他有机肥料一样，虽然是营养较为全面的肥料，但是氮含量相对较低，需要和化肥一起配合施用，以更好地发挥堆肥和化肥的肥效。

4. 沤肥

沤肥是利用秸秆、杂草、绿肥、泥炭、垃圾和人畜粪尿等废弃物为原料混合后，按一定方式进行沤制的肥料。沤肥因积制地区、积制材料和积制方法的不同而名称各异，如江苏的草塘泥、湖南的凼肥、江西和安徽的窖肥、湖北和广西的垱肥、北方地区的坑沤肥等，都属于沤肥。

（1）沤肥的性质　沤肥是在低温厌氧条件下进行腐熟的，腐熟速度较为缓慢，腐殖质积累较多。沤肥的养分含量因材料配比和积制方法的不同而有较大的差异。一般而言，沤肥的pH为6~7，有机质含量为30~120克/千克，全氮含量为2.1~4.0克/千克，速效氮含量为50~248毫克/千克，全磷（P_2O_5）含量为1.4~2.6克/千克，速效磷（P_2O_5）含量为17~278毫克/千克，全钾（K_2O）含量为3.0~5.0克/千克，速效钾（K_2O）含量为68~185毫克/千克。

（2）科学施用　沤肥一般作为基肥施用。在旱地上施用时，也应结合耕地作为基肥，每亩的施用量一般在2000~4000千克，并注意配合化肥和其他肥料一起施用，以解决沤肥肥效长但速效养分供应强度不大的问题。

5. 沼气肥

某些有机物发酵产生的沼气可以缓解农村能源紧张，协调农牧业均衡发展，发酵后的废弃物（沼渣和沼液）还是优质的有机肥料，即沼气肥，也称作沼气池肥。

（1）沼气肥的性质　沼气发酵产物中除沼气可作为能源使用，以及用于粮食贮藏、沼气孵化和柑橘保鲜外，沼液（占总残留物的13.2%）

和沼渣（占总残留物的86.8%）还可以进行综合利用。沼液含速效氮0.03%~0.08%、速效磷0.02%~0.07%、速效钾0.05%~1.40%，同时还含有钙、镁、硫、硅、铁、锌、铜、钼等各种矿质元素，以及各种氨基酸、维生素、酶和生长素等活性物质。沼渣含全氮5~12.2克/千克（其中速效氮占全氮的82%~85%）、速效磷50~300毫克/千克、速效钾170~320毫克/千克，以及大量的有机质。

（2）科学施用 沼液是优质的速效性肥料，可作为追肥施用。一般土壤追肥每亩施用量为2000千克，并且要深施覆土。沼液还可以作为叶面追肥，将沼液和水按1∶（1~2）稀释，7~10天喷施1次，可收到很好的效果。除了单独施用外，沼液还可以和沼渣混合作为基肥和追肥施用。

沼渣可以和沼液混合施用，作为基肥每亩施用量为2000~4000千克，作为追肥每亩施用量为1000~1500千克。沼渣也可以单独作为基肥或追肥施用。

6. 饼肥

饼肥是含油的种子经油分提取后的渣粕，用作肥料时称为饼肥。

（1）种类与性质 我国饼肥的种类较多，主要有大豆饼、花生饼、芝麻饼、菜籽饼、棉籽饼、茶籽饼等。饼肥富含有机质和氮，并含有一定量的磷、钾及各种微量元素，饼肥中一般含有机质75%~85%、氮1.11%~7.00%、五氧化二磷0.37%~3.0%、氧化钾0.85%~2.13%，还含有蛋白质、氨基酸、微量元素等。饼肥中的氮以蛋白质形态存在，磷以植酸及其衍生物和卵磷脂等形态存在，钾大多数为水溶性的。

（2）科学施用 施用时应先发酵再施用。饼肥发酵一般采用与堆肥或厩肥混合堆积的方法，或用水浸泡数天。

饼肥可用作基肥、追肥。施用量一般为每亩100~150千克，施肥深度应在20厘米以下，施后覆土。饼肥含有抗生物质，施用后可减轻病虫害。直接施用饼肥时应拌入适量杀虫剂，以防招引地下害虫。

二、商品有机肥料

商品有机肥料是以植物和动物残体及畜禽粪便等富含有机物质的资源为主要原料，采用工厂化方式生产的有机肥料。与农家肥相比，商品有机肥料具有养分含量相对较高、质量稳定、施用方便等优点。生产用的主要物料包括畜禽粪便、城市垃圾、糠壳饼麸、作物秸秆，以及食品厂、造纸厂、制糖厂、发酵厂等废弃物料。商品有机肥料主要有精制有机肥料、生物有机肥、有机无机复混肥料等，一般主要是指精制有机肥料。

1. 技术指标

商品有机肥料的生产方法一般包括粉碎、搅拌、发酵、除臭、脱水、二次粉碎、造粒、干燥，整个过程需要 1 个月左右的时间。商品有机肥料必须按肥料登记管理办法办理肥料登记，并取得登记证号，方可在农资市场上流通销售。

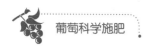

商品有机肥料的外观要求：褐色或灰褐色，粒状或粉状，无机械杂质，无恶臭。其技术指标见表 2-4。

表 2-4 商品有机肥料的技术指标（NY 525—2012）

项目	指标
有机质的质量分数（以烘干基计）(%)	≥45.0
总养分（$N+P_2O_5+K_2O$）的质量分数（以烘干基计）(%)	≥5.0
水分（鲜样）的质量分数（以烘干基计）(%)	≤30.0
酸碱度（pH）	5.5~8.5

商品有机肥料中的蛔虫卵死亡率和类大肠杆菌值指标应符合 NY884—2012《生物有机肥》的要求。

2. 科学施用

商品有机肥料一般作为基肥施用，也可用作追肥。一般每亩施用 200~500 千克。施用时应根据土壤肥力确定施用量。如果用作基肥时，最好配合氮磷钾复混肥，肥效会更佳。

身边案例

商品有机肥料和农家肥哪个更好？

现在果农对商品有机肥料的关注度越来越高，这是因为一方面商品有机肥的制作工艺越来越先进，其无害化处理更高效；另一方面，其改良土壤功能特殊，国家层面非常支持和鼓励使用商品有机肥料。商品有机肥料与农家肥的不同之处如下：

首先，商品有机肥料比农家肥“无害”。两种肥料的区别重点在于“腐熟”和“无害”。与商品有机肥料相比，农家肥存在许多缺陷：一是含盐分较多，容易使土壤盐化；二是农家肥带有大量的病原菌、虫卵，

会引发棚室内的病虫草害；三是农家肥的养分含量不稳定，不能做到合理补肥；四是农家肥若含有害物质、重金属物质，仅凭借高温发酵不能去除。

其次，用商品有机肥料改良土壤的效果更迅速，若是土壤出现了不良状况，使用商品有机肥料改良比农家肥更加快速。这是因为商品有机肥料具有洁净性和完熟性两大特点，其在制作过程中不仅进行高温杀菌杀虫，并且通过微生物完全发酵，很好地控制氧气和发酵温度，使有机物质充分分解成为直接形成团粒结构的腐殖质等，同时产生的氨基酸和有益代谢产物得以保留。商品有机肥料使用后不会产生对葡萄树有影响的物质。

再次，商品有机肥料的养分配比更合理。商品有机肥料中的各类养分是可调整的，可以针对不同的土壤状况使用不同养分含量的产品。

三、腐殖酸肥料

腐殖酸肥料过去常作为有机肥料中的一种利用，由于近年来人们对作物品质要求较高，以及肥料生产技术的改进，腐殖酸肥料的产品越来越多，已得到果农的认可。

1. 腐殖酸肥料的品种与性质

腐殖酸为黑色或黑褐色无定形粉末，在稀溶液条件下像水一样无黏性，或多或少地溶解在酸、碱、盐、水和一些有机溶剂中，具有弱酸性，是一种亲水胶体，具有较高的离子交换性、络合性和生理活性。

腐殖酸肥料主要有腐殖酸铵、硝基腐殖酸铵、腐殖酸磷、腐殖酸铵磷、腐殖酸钠、腐殖酸钾等。

（1）腐殖酸铵　腐殖酸铵简称腐铵，化学分子式为 $R\text{-}COONH_4$，一般含水溶性腐殖酸铵25%以上、速效氮3%以上。外观为黑色有光泽的颗粒或黑色粉末，溶于水，呈微碱性，无毒，在空气中稳定。腐殖酸铵可作为基肥（每亩施用量为40~50千克）、追肥、浸种或浸根等，适用于各种土壤。

（2）硝基腐殖酸铵　硝基腐殖酸铵是腐殖酸与稀硝酸共同加热，氧化分解形成的。一般含水溶性腐殖酸铵45%以上、速效氮2%以上。外观为黑色有光泽的颗粒或黑色粉末，溶于水，呈微碱性，无毒，在空气中较稳定。硝基腐殖酸铵可作为基肥（每亩施用量为40~75千克）、追肥、浸种或浸根等，适用于各种土壤。

（3）腐殖酸钠、腐殖酸钾 腐殖酸钠、腐殖酸钾的化学分子式分别为R-COONa、R-COOK，一般腐殖酸钠中含腐殖酸40%~70%，腐殖酸钾中含腐殖酸70%以上。二者呈棕褐色，易溶于水，水溶液呈强碱性。两者可作为基肥（0.05%~0.1%液肥与农家肥拌在一起施用）、追肥（每亩用0.01%~0.1%液肥250千克浇灌），用于浸根插条（用量为0.01%~0.05%）、根外追肥（喷施用量为0.01%~0.05%）等。

（4）黄腐酸 黄腐酸又称富里酸、富啡酸、抗旱剂一号、旱地龙等，溶于水、酸、碱，水溶液呈酸性，无毒，性质稳定，黑色或棕黑色，含黄腐酸70%以上，可用作叶面喷施（葡萄树稀释800~1000倍）等。

2. 腐殖酸肥料的科学施用

（1）施用条件 腐殖酸肥适用于各种土壤，特别是用于有机质含量低的土壤、盐碱地、酸性红壤、新开垦红壤、黄土、黑黄土等效果更好。

（2）固体腐殖酸肥料的科学施用 腐殖酸肥与化肥混合制成腐殖酸复混肥，可以用作基肥、追肥或根外追肥；可撒施、穴施、条施或压球造粒施用。

1）用作基肥。可以采用放射状或环状沟施等办法，一般每亩可施腐殖酸铵等40~80千克左右、腐殖酸复混肥30~60千克。

2）用作追肥。应该早施，在距离作物根系6~9厘米附近穴施或条施，追施后结合中耕覆土。将硝基腐殖酸铵作为增效剂，与化肥混合施用效果较好，每亩施用量为20~30千克。

（3）注意事项 腐殖酸肥料肥效缓慢，后效较长，应该尽量早施。腐殖酸肥料本身不是肥料，必须与其他肥料配合施用才能发挥作用。

施肥歌谣

为方便施用腐殖酸肥料，可熟记下面的歌谣：

腐肥内含腐殖酸，具有较多功能团；与钙结合成团粒，最适砂黏及盐碱；

基肥追肥都能用，还可喷施浸插条；腐肥产生刺激素，施用关键是浓度。

第二节　生物肥料

生物肥料是指一类含有活微生物的特定制品，应用于农业生产中，能够获得特定的肥料效应，并且在这种效应的产生中，制品中活微生物起关键作用。符合上述定义的制品均归于生物肥料。

一、生物肥料的功效与种类

1. 生物肥料的主要功效

生物肥料的功效主要与营养元素的来源和有效性有关，或与作物吸收营养、水分和抗病有关，概括起来主要有以下几个方面：

（1）增加土壤肥力　例如，固氮菌肥料可以增加土壤中的氮素；多种磷细菌、钾细菌微生物肥料可以将土壤中难溶性磷、钾分解出来，供作物吸收利用。许多种生物肥料能够产生大量的多糖物质，与植物黏液、矿物质胶体和有机胶体结合起来，改善土壤团粒结构，从而改善土壤理化性状。

（2）制造作物所需养分或协助作物吸收养分　根瘤菌肥料可以浸染豆科植物根部，形成根瘤进行固氮，进而转化为谷氨酰胺和谷氨酸类等作物能吸收利用的氮素化合物。VA 菌根可与多种作物共生，其菌丝伸出根部很远，可吸收更多营养供作物利用。

（3）产生植物激素类物质刺激作物生长　许多用作生物肥料的微生物可产生植物激素类物质，能够刺激和调节作物生长，使作物生长健壮，营养状况得到改善。

（4）对有害微生物具有防治作用　由于作物根部使用生物肥料，其中的微生物在作物根部大量生长繁殖，作为作物根际的优势菌，限制其他病原微生物的繁殖。同时，有的微生物对病原微生物还具有拮抗作用，可以起到减轻作物病害的功效。

2. 生物肥料的种类

（1）生物肥料的剂型　从成品性状看，生物肥料成品的剂型主要有液体、固体、冻干剂 3 种。液体有的是由发酵液直接装瓶，也有用矿物油封面的。固体剂型主要是以草炭（泥炭土）为载体，分粉剂、颗粒剂两种剂型，近年来也有用吸附剂的。冻干剂是用发酵液浓缩后冷冻干燥制得的。

（2）生物肥料的分类　生物肥料的分类见表 2-5。

表 2-5　生物肥料的分类

分类依据	生物肥料的类型
按功能分	微生物拌种剂：利用多孔的物质作为吸附剂，吸附菌体发酵液而制成的菌剂，主要用于拌种，如根瘤菌肥料
	复合微生物肥料：两种或两种以上的微生物互相有利，通过其生命活动使作物增产
	腐熟促进剂：一些菌剂能加速作物秸秆腐熟和有机废物发酵，主要由纤维素分解菌组成
按营养物质分	微生物和有机物复合、微生物和有机物及无机元素复合
按作用机理分	以营养为主、以抗病为主、以降解农药为主，也可多种作用同时兼有
按微生物种类分	细菌肥料（根瘤菌肥料、固氮菌肥料、磷细菌、钾细菌）、放线菌肥料（抗生肥料）、真菌类肥料眼科（菌根真菌肥料、霉菌肥料、酵母肥料）、光合细菌肥料

二、常用的生物肥料

适宜葡萄施用的生物肥料主要有磷细菌肥料、钾细菌肥料、复合微生物肥料等。

1. 磷细菌肥料

磷细菌肥料是指含有能强烈分解有机磷或无机磷化合物的磷细菌的生物制品。

（1）磷细菌的特点　磷细菌是指具有强烈分解含磷有机物或无机物，或促进磷素有效化作用的细菌。磷细菌在生命活动中除具有解磷的特性外，还能形成维生素等刺激性物质，对作物生长有刺激作用。

磷细菌分为两种：一种是水解有机磷微生物（如芽孢杆菌属、节杆菌属、沙雷氏菌属等中的某些种），能使土壤中的有机磷水解；另一种是溶解无机磷微生物（如色杆菌属等），能利用生命活动产生的二氧化碳和各种有机酸，将土壤中一些难溶性的矿质态磷酸盐溶解，改善土壤中的磷。

（2）磷细菌肥料的性质　目前国内生产的磷细菌肥料有液体和固体两种剂型。液体剂型的磷细菌肥料为棕褐色混浊液，含活细菌 5 亿~15 亿

个/毫升，杂菌数小于5%，含水量为20%~35%，有机磷细菌不少于1亿个/毫升，无机磷细菌不少于2亿个/毫升，pH为6.0~7.5。固体（颗粒）剂型的磷细菌肥料呈褐色，有效活菌数大于3亿个/克，杂菌数小于20%，含水量小于10%，有机质含量不低于25%，粒径为2.5~4.5毫米。

(3) 科学施用　磷细菌肥料可用作基肥、追肥。

1）用作基肥。可与有机肥、磷矿粉混匀后沟施或穴施，一般每亩施用量为1.5~2千克，施后立即覆土。

2）用作追肥。可将磷细菌肥料用水稀释后在果树开花前施用，菌液施于根部。

(4) 注意事项　磷细菌适宜的温度为30~37℃，适宜的pH为7.0~7.5。拌种时随配随拌，不宜留存；暂时不用的，应该放置在阴凉处覆盖保存。磷细菌肥料不与农药及生理酸性肥料同时施用，也不能与石灰氮、过磷酸钙及碳酸氢铵混合施用。

2. 钾细菌肥料

钾细菌肥料又名硅酸盐细菌肥料、生物钾肥。钾细菌肥料是指含有能对土壤中云母、长石等含钾的铝硅酸盐及磷灰石进行分解，释放出钾、磷与其他灰分元素，改善作物营养条件的钾细菌的生物制品。

(1) 钾细菌的特点　钾细菌又名硅酸盐细菌，其产生的有机酸类物质能强烈分解土壤中硅酸盐中的钾，使其中的难溶性矿物钾转化为作物可利用的有效钾。同时，钾细菌对磷、钾等矿物元素有特殊的利用能力，它可借助荚膜包围岩石矿物颗粒而吸收磷、钾养分。细胞内含钾量很高，其灰分中的钾含量高达33%~34%。菌株死亡后钾可以从菌体中游离出来，供作物吸收利用。钾细菌可以抑制作物病害，提高作物的抗病性。菌体内存在着生长素和赤霉素，对作物具有一定的刺激作用。此外，该菌还有一定的固氮作用。

(2) 钾细菌肥料的性质　钾细菌肥料产品主要有液体和固体两种剂型。液体剂型为浅褐色混浊液体，无异臭，有微酸味，有效活菌数大于10亿个/毫升，杂菌数占比小于5%，pH为5.5~7.0。固体剂型是以草炭为载体的粉状吸附剂，外观呈黑褐色或褐色，湿润而松散，无异味，有效活细菌数大于1亿个/克，杂菌数占比小于20%，含水量小于10%，有机质含量不低于25%，粒径为2.5~4.5毫米，pH为6.9~7.5。

(3) 科学施用　钾细菌肥料可用作基肥、追肥。

1）用作基肥。果树施用钾细菌肥料，一般在秋末或早春，根据树冠大小，在距树身1.5~2.5米处环树挖沟（深、宽各15厘米），每亩用菌剂1.5~2.5千克混细肥土20千克，施于沟内后覆土即可。

2）用作追肥。按每亩用菌剂1~2千克兑水50~100千克混匀后进行灌根。

（4）注意事项 紫外线对钾细菌有杀灭作用，因此在贮存、运输、使用过程中应避免阳光直射。应在室内或棚内等避光处进行拌种，拌好晾干后应立即播完，并及时覆土。钾细菌肥料不能与过酸或过碱的肥料混合施用。当土壤中速效钾含量在26毫克/千克以下时，不利于钾细菌肥料肥效的发挥；当土壤中速效钾含量为50~75毫克/千克时，钾细菌的解钾能力可达到高峰。钾细菌的适宜温度为25~27℃，适宜的pH为5.0~8.0。

3. 复合微生物肥料

复合微生物肥料是指两种或两种以上的有益微生物或一种有益微生物与营养物质复配而成，能提供、保持或改善植物的营养，提高农产品产量或改善农产品品质的活体微生物制品。

（1）复合微生物肥料的类型 复合微生物肥料一般有两种：

1）菌与菌的复合微生物肥料。可以是同一微生物菌种的复合（如大豆根瘤菌的不同菌系分别发酵，吸附时混合），也可以是不同微生物菌种的复合（如固氮菌、磷细菌、钾细菌等分别发酵，吸附时混合）。

2）菌与各种营养元素或添加物、增效剂的复合微生物肥料。采用的复合方式有：菌与大量元素复合、菌与微量元素复合、菌与稀土元素复合、菌与作物生长激素复合等。

（2）复合微生物肥料的性质 复合微生物肥料可以增加土壤有机质，改善土壤中菌群的结构，并通过微生物的代谢物刺激植物生长，抑制有害病原菌。

目前，复合微生物肥料按剂型主要有液体、粉剂和颗粒共3种。粉剂产品应松散；颗粒产品应无明显的机械杂质，大小均匀，具有吸水性。复合微生物肥料产品技术指标见表2-6。复合微生物肥料产品中无害化指标见表2-7。

表2-6 复合微生物肥料产品技术指标

（NY/T 798—2015）

项目	剂型	
	液体	固体（粉剂、颗粒）
有效活菌数（cfu）①/[亿个/克（毫升）]	≥0.50	≥0.20

（续）

项目	剂型	
	液体	固体（粉剂、颗粒）
总养分（$N+P_2O_5+K_2O$）②（%）	6.0~20.0	8.0~25.0
有机质（以烘干基计）（%）	—	≥20.0
杂菌率（%）	≤15.0	≤30.0
水分（%）	—	≤30.0
pH	5.5~8.5	5.5~8.5
细度（%）	—	≥80.0
有效期③	≥3个月	≥6个月

① 含两种以上微生物的复合微生物肥料，每一种有效菌的数量不得少于0.01亿个/克（毫升）。

② 总养分应为规定范围内的某一确定值，其测定值与标明值正负偏差的绝对值不应大于2.0%；各单一养分值应不少于总养分含量的15.0%。

③ 此项仅在监督部门或仲裁双方认为有必要时才检测。

表2-7　复合微生物肥料产品无害化指标

参数	标准极限
粪大肠菌群数/[个/克（毫升）]	≤100
蛔虫卵死亡率（%）	≥95
砷及其化合物（以As计）/（毫克/千克）	≤15
镉及其化合物（以Cd计）/（毫克/千克）	≤3
铅及其化合物（以Pb计）/（毫克/千克）	≤50
铬及其化合物（以Cr计）/（毫克/千克）	≤150
汞及其化合物（以Hg计）/（毫克/千克）	≤2

（3）复合微生物肥料的科学施用　复合微生物肥料适用于所有果树。

1）用作基肥。葡萄施用，幼树每株200克穴施、成龄树每株0.5~1千克条沟施。可拌有机肥料施用，也可拌10~20倍细土施用。

2）蘸根或灌根。每亩用肥2~5千克兑水5~20倍，移栽时蘸根或干栽后适当增加稀释倍数灌于根部。

3）冲施。每亩用1~3千克复合微生物肥料与化肥混合，用适量水稀释后灌溉时随水冲施。

施肥歌谣

为方便施用生物肥料，可熟记下面的歌谣：

细菌肥料前景好，持续农业离不了；清洁卫生无污染，品质改善又增产；

掺混农肥效果显，解磷解钾又固氮；杀菌农药不能混，莫混过酸与过碱；

基肥追肥都适用，施后即用湿土埋；严防阳光来暴晒，莫将化肥来替代。

三、生物有机肥

生物有机肥是指特定功能的微生物与经过无害化处理、腐熟的有机物料（主要是动物排泄物和植物残体，如畜禽粪便、农作物秸秆等）复合而成的一类肥料，兼有生物肥料和有机肥料效应。

1. 产品技术指标

生物有机肥按功能微生物的不同可分为固氮生物有机肥、解磷生物有机肥、解钾生物有机肥、复合生物有机肥等。

（1）外观技术指标 粉剂产品应松散，无恶臭味；颗粒产品应无明显的机械杂质，大小均匀，无腐败味。

（2）技术指标要求 有机质含量不少于40%，有效活菌数不少于0.2亿个/克。水分、pH、粪大肠杆菌数、蛔虫卵死亡率、重金属含量等指标应符合复合微生物肥料指标要求。

2. 科学施用

生物有机肥在葡萄生产上常用的施肥方法有：

（1）条沟施肥法 在距葡萄树干20~30厘米处开一个条状沟，施肥后覆土。基肥一般每亩施用量为100~200千克。

（2）全园撒施 用作基肥时，在葡萄树行间撒施后全园翻耕。基肥一般每亩施用量为200~400千克。

3. 注意事项

施用生物有机肥应注意以下几个问题：在高温、低温、干旱条件下不宜施用。生物有机肥中的微生物在25~37℃时活力最佳，低于5℃或高于45℃时活力较差。生物有机肥中的微生物适宜的土壤相对含水量为60%~

70%。生物有机肥不能与杀虫剂、杀菌剂、除草剂、含硫化肥、碱性化肥等混合施用。还应注意避免阳光直射到生物有机肥上。生物有机肥在有机质含量较高的土壤中施用效果较好，在有机质含量较低的土壤中施用效果不佳。生物有机肥料不能取代化肥，与化肥配合施用效果较好。

温馨提示

生物肥料对葡萄树的五大作用

葡萄树体内外都存在许多微生物，其中不少是有益的，可通过筛选并应用有益微生物为葡萄树的生长发育、提高质量、增进抗性奠定良好基础。生物肥料的主要作用有：一是改变根量，由细菌产生的吲哚乙酸（IAA）、赤霉素（GA）、细胞分裂素（CTK）使植物次生根增殖，增加有效根量；二是软化细胞壁，细菌产生的半聚糖醛酸转化酶（PATA）可软化根系细胞壁，从而促进营养吸收；三是产生转铁产物，细菌产生的转铁产物可聚合或螯合土壤铁，使之成为对葡萄树更有效的物质；四是增加磷的有效性，细菌分泌出增强石灰性土壤中磷有效性的酸性物和螯合物；五是阻止病害，细菌改变根际环境，从而抑制根系病原体的竞争力。

第三节　化学肥料

化学肥料，也称无机肥料，简称化肥，是用化学和（或）物理方法人工制成的含有一种或几种作物生长需要的营养元素的肥料。

一、大量元素肥料

大量元素肥料主要是氮肥、磷肥和钾肥，常见品种的性质及施用技术如下：

1. 尿素

（1）基本性质　尿素为酰胺态氮肥，化学分子式为 $CO(NH_2)_2$，含氮量为45%~46%。尿素为白色或浅黄色结晶体，无味无臭，稍有清凉感；易溶于水，水溶液呈中性。尿素吸湿性强，但由于尿素在造粒中加入石蜡等疏水物质，因此肥料级尿素的吸湿性明显下降。尿素在造粒过程中，温度达到50℃时，便有缩二脲生成；当温度超过135℃时，尿素分解生成缩二脲。尿素中缩二脲含量超过2%时，就会抑制种子发芽，危害果树生长。

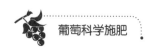

（2）科学施用 尿素适于用作基肥和追肥，一般不直接用作种肥。

1）用作基肥。施用量应根据果树种类、地力等因素来确定，一般每亩用20~40千克。果树对氮素非常敏感，氮过多易使营养生长过旺，影响坐果率。

2）用作追肥。一般每亩施用尿素10~20千克，可采用沟施或穴施，施肥深度为6~10厘米，施后覆土、盖严。尿素可用于果树灌溉施肥。

3）根外追肥。尿素最适宜用作根外追肥。一般进行果树叶面肥的尿素的施用量为0.3%~0.6%，每隔7~10天喷施1次，一般喷2~3次。

（3）注意事项 尿素是生理中性肥料，适用于各种土壤。尿素在造粒中温度过高就会产生缩二脲甚至三聚氰酸等产物，对果树有抑制作用。缩二脲含量超过0.5%时不能用作叶面肥。尿素被施入土后，在脲酶作用下，不断水解转变为碳酸铵或碳酸氢铵，才能被果树吸收利用。尿素用作追肥时应提前4~8天施用。

施肥歌谣

为方便施用尿素，可熟记下面的歌谣：

尿素性平呈中性，各类土壤都适用；含氮高达四十六，根外追肥称英雄；

施入土壤变碳铵，然后才能大水灌；千万牢记要深施，提前施用最关键。

2. 碳酸氢铵

（1）基本性质 碳酸氢铵为铵态氮肥，又称重碳酸铵，简称碳铵。化学分子式为NH_4HCO_3，含氮量为16.5%~17.5%。碳酸氢铵为白色或微灰色粒状、板状或柱状结晶；易溶于水，水溶液呈碱性，pH为8.2~8.4；易挥发，有强烈的刺激性臭味。制造碳酸氢铵时常添加表面活性剂，适当增大粒度，降低含水量；包装要结实，防止塑料袋破损和受潮；贮存的库房要通风，不漏水，地面要干燥。

（2）科学施用 碳酸氢铵适于用作基肥，也可用作追肥，但要深施。作为基肥一般每亩施用碳酸氢铵50~80千克，一般施肥深度为10~15厘米，施后立即覆土。作为追肥每亩施用碳酸氢铵20~40千克，一般采用沟施与穴施，追施深度为7~10厘米。干旱季节追肥后立即灌水。

（3）注意事项 碳酸氢铵是生理中性肥料，适用于各种土壤。忌叶面喷施；忌与碱性肥料混用；忌与菌肥混用；必须深施，并立即覆土。

施肥歌谣

为方便施用碳酸氢铵，可熟记下面的歌谣：

碳酸氢铵偏碱性，施入土壤变为中；含氮十六到十七，露地果树都适宜；

高温高湿易分解，施用千万要深埋；牢记莫混钙镁磷，还有草灰人尿粪。

3. 硫酸铵

（1）基本性质　硫酸铵为铵态氮肥，简称硫铵，又称肥田粉，化学分子式为（NH_4）$_2SO_4$，含氮量为20%～21%。硫酸铵为白色或浅黄色结晶，因含有杂质有时呈浅灰色、浅绿色或浅棕色；易溶于水，水溶液呈中性反应；吸湿性弱，热反应稳定，是生理酸性肥料。

（2）科学施用　硫酸铵适宜用作基肥和追肥。作为基肥每亩施用量为30～60千克，可撒施且随即翻入土中，或开沟条施，但都应当深施覆土。作为追肥每亩施用量为20～30千克，沟施效果好，施后覆土。对于砂质土要少量多次施用。旱季施用硫酸铵，最好结合浇水。

（3）注意事项　硫酸铵适合石灰性土壤。硫酸铵一般用在中性和碱性土壤上，酸性土壤应谨慎施用。在酸性土壤中长期施用，应配施石灰和钙镁磷肥，以防土壤酸化。

施肥歌谣

为方便施用硫酸铵，可熟记下面的歌谣：

硫铵俗称肥田粉，氮肥以它为标准；含氮高达二十一，各种果树都适宜；

生理酸性较典型，最适土壤偏碱性；混合普钙变一铵，氮磷互补增效应。

4. 硝酸钙

（1）基本性质　硝酸钙为硝态氮肥，化学分子式为$Ca(NO_3)_2$，含氮量为15%～18%。硝酸钙一般为白色或灰褐色颗粒；易溶于水，水溶液为碱性，吸湿性强，容易结块；肥效快，为生理碱性肥料。

（2）科学施用　硝酸钙宜用作追肥，也可以用作基肥。作为追肥时一般每亩施用量为30～60千克，沟施或穴施，深施覆土。作为基肥时一般每亩施用量为25～40千克，最好与有机肥料、磷肥和钾肥配合施用，环状或放射状沟施。

（3）注意事项　硝酸钙适合酸性土壤，在缺钙的酸性土壤上效果更好。硝酸钙贮存时要注意防潮。由于含钙，不要与磷肥直接混用；避免与未发酵的厩肥和堆肥混合施用。

施肥歌谣

为方便施用硝酸钙，可熟记下面的歌谣：

硝酸钙，又硝石，吸湿性强易结块；含氮十五生理碱，易溶于水呈弱酸；

各类土壤都适宜，最好施用缺钙田；盐碱土上施用它，物理性状可改善。

5. 过磷酸钙

过磷酸钙又称普通过磷酸钙、过磷酸石灰，简称普钙，其产量约占全国磷肥总产量的70%，是磷肥工业的主要基石。

（1）基本性质 过磷酸钙的主要成分为磷酸一钙［$Ca(H_2PO_4)_2 \cdot H_2O$］和硫酸钙（$CaSO_4 \cdot 2H_2O$）的复合物，其中磷酸一钙约占其重量的50%，硫酸钙约占40%，此外还有5%左右的游离酸，2%~4%的硫酸铁、硫酸铝。其有效磷（P_2O_5）含量为14%~20%。

过磷酸钙为深灰色、灰白色或浅黄色粉状物，或制成粒径为2~4毫米的颗粒。其水溶液呈酸性，具有腐蚀性，易吸湿结块。由于硫酸铁、铝盐的存在，吸湿后，磷酸一钙会逐渐退化成难溶性磷酸铁、磷酸铝，从而失去有效性，这种现象称为过磷酸钙的退化作用，因此在贮运过程中要注意防潮。

（2）科学施用 过磷酸钙可以用作基肥和追肥。

1）用作基肥。对于速效磷含量低的土壤，一般每亩施用过磷酸钙50~80千克，宜沟施。最好与有机肥料混合施用，每亩施用20~30千克，可采用沟施、穴施等方法。

2）用作追肥。一般过磷酸钙的施用量为每亩20~30千克，以早施、深施、穴施或沟施的效果为好。

3）根外追肥。根外追肥可减少土壤对磷的吸附固定，也能提高经济效益。一般果树喷施1%~3%的过磷酸钙。方法是将过磷酸钙与水充分搅拌并放置过夜，取上层清液喷施。

（3）注意事项 过磷酸钙适合大多数土壤。过磷酸钙不宜与碱性肥料混用，以免发生化学反应降低磷的有效性。贮存时要注意防潮，以免结块；要避免日晒雨淋，减少养分损失。运输时车上要铺垫耐磨的垫板和篷布。

施肥歌谣

为方便施用过磷酸钙，可熟记下面的歌谣：

过磷酸钙水能溶，各种作物都适用；混沤厩肥分层施，减少土壤磷固定；

配合尿素硫酸铵，以磷促氮大增产；含磷十八性呈酸，运贮施用莫遇碱。

6. 重过磷酸钙

（1）基本性质　重过磷酸钙也称三料磷肥，简称重钙，主要成分是磷酸二氢钙［$Ca(H_2PO_4)_2 \cdot H_2O$］，有效磷（P_2O_5）含量为42%~46%。重过磷酸钙一般为深灰色颗粒或粉状，性质与过磷酸钙类似。粉末状重过磷酸钙易吸潮、结块；含游离磷酸4%~8%，呈酸性，腐蚀性强。颗粒状的重过磷酸钙商品性好、使用方便。

（2）科学施用　重过磷酸钙宜用作基肥、追肥，施用量比过磷酸钙减少一半以上，施用方法同过磷酸钙。

1）用作基肥。对于速效磷含量低的土壤，一般每亩施用20~30千克，宜沟施、分层施。与有机肥料混合使用时，每亩施用量为10~15千克，可采用沟施、穴施等方法。

2）用作追肥。一般每亩施用量为10~20千克，以早施、深施、穴施或沟施的效果为好。

3）根外追肥。根外追肥可减少土壤对磷的吸附固定，也能提高经济效益。一般果树喷施0.5%~1%的重过磷酸钙。方法是将重过磷酸钙与水充分搅拌并放置过夜，取上层清液喷施。浸出液也可用作灌溉施肥。

（3）注意事项　重过磷酸钙适合大多数土壤。产品易吸潮结块，贮运时要注意防潮、防水，避免结块损失。

施肥歌谣

为方便施用重过磷酸钙，可熟记下面的歌谣：

过磷酸钙名加重，也怕铁铝来固定；含磷高达四十六，俗称重钙呈酸性；

用量掌握要灵活，它与普钙用法同；由于含磷比较高，不宜拌种蘸根苗。

7. 钙镁磷肥

（1）基本性质　钙镁磷肥的主要成分是磷酸三钙，含五氧化二磷、氧化镁、氧化钙、二氧化硅等成分，无明确的分子式和分子量。有效磷（P_2O_5）含量为14%~20%。钙镁磷肥由于生产原料及方法不同，成品呈灰白、浅绿、墨绿、灰绿、黑褐等色，粉末状。不吸潮、不结块，无毒、无臭，没有腐蚀性；不溶于水，溶于弱酸，物理性状好，水溶液呈碱性。

（2）科学施用 钙镁磷肥多用作基肥。施用时要深施、均匀施，使其与土壤充分混合。每亩施用量为50~100千克，也可采用一年60~120千克、隔年施用的方法。与有机肥料混施有较好效果，但应堆沤1个月以上，沤好后的肥料可用作基肥、种肥。

（3）注意事项 钙镁磷肥适合缺磷的酸性土壤，特别是南方酸性红壤。钙镁磷肥不能与酸性肥料混用，不要直接与过磷酸钙、氮肥等混合施用，但可分开施用。钙镁磷肥为细粉产品，若用纸袋包装，在贮存和搬运时要轻挪轻放，以免破损。

施肥歌谣

为方便施用钙镁磷肥，可熟记下面的歌谣：

钙镁磷肥水不溶，溶于弱酸属枸溶；果树根系分泌酸，土壤酸液也能溶；

含磷十八呈碱性，还有钙镁硅锰铜；酸性土壤施用好，石灰土壤不稳定；

施用应作基肥使，一般不作追肥用；五十千克施一亩，用前堆沤肥效增。

8. 硫酸钾

（1）基本性质 硫酸钾的分子式为K_2SO_4，含钾（K_2O）量为48%~52%，含硫（S）量约为18%。硫酸钾一般呈白色或浅黄色或粉红色结晶，易溶于水，物理性状好，不易吸湿结块，是化学中性、生理酸性肥料。

（2）科学施用 硫酸钾可用作基肥、追肥和根外追肥。作为基肥时，一般每亩施用量为20~30千克，应深施覆土，减少钾的固定。作为追肥时，一般每亩施用量为10~15千克，应集中条施或穴施到根系较密集的土层；对砂质土壤一般易用作追肥。叶面施用时，硫酸钾可配成2%~3%的溶液喷施，也可用于灌溉施肥。

（3）注意事项 硫酸钾适合各种土壤。硫酸钾在酸性土壤、水田上应与有机肥、石灰配合施用，不宜在通气不良的土壤上施用。硫酸钾施用

时不宜贴近作物根系。

施肥歌谣

为方便施用硫酸钾，可熟记下面的歌谣：

硫酸钾，较稳定，易溶于水性为中；吸湿性小不结块，生理反应呈酸性；

含钾四八至五十，基种追肥均可用；集中条施或穴施，施入湿土防固定；

酸土施用加矿粉，中和酸性又增磷；石灰土壤防板结，增施厩肥最可行。

---

9. 钾镁肥

（1）基本性质　钾镁肥一般为硫酸钾镁形态，化学分子式为 $K_2SO_4 \cdot MgSO_4$，含钾（K_2O）量在22%以上。除了含钾外，还含有镁11%以上、硫22%以上，因此是一种优质的钾、镁、硫多元素肥料，近几年推广施用的前景很好。钾镁肥为白色、浅灰色结晶，也有浅黄色或肉色相杂的颗粒，易溶于水，弱碱性，易吸潮，物理性状较好，属于中性肥料。

（2）科学施用　钾镁肥可用作基肥、追肥，施用方法同硫酸钾。作为基肥，一般每亩施用量为50~80千克，应深施、集中施、早施。作为追肥，每亩施用量为20~30千克，可沟施、穴施，施用时避免与果树幼根直接接触，以防伤根。

（3）注意事项　钾镁肥特别适用于葡萄树，适合各种土壤，特别适合南方缺镁的红黄壤地区。钾镁肥多为双层袋包装，在贮存和运输过程中要防止受潮、破包。钾镁肥还可以作为复合肥料、复混肥料、配方肥料的原料，进行二次加工。

施肥歌谣

为方便施用钾镁肥，可熟记下面的歌谣：

钾镁肥，为中性，吸湿性强水能溶；含钾可达二十二，还含硫肥和镁肥；

用前最好要堆沤，适应酸性红土地；忌氯作物不能用，千万莫要做种肥。

---

10. 钾钙肥

（1）基本性质　钾钙肥也有称钾钙硅肥，化学分子式为 $K_2SO_4 \cdot (CaO \cdot SiO_2)$，含钾（$K_2O$）量在4%以上。除了含钾外，还含有氧化钙（CaO）4%以上、可溶性硅（SiO_2）20%以上、氧化镁（MgO）4%左右。

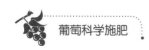

采用烧结法生产的产品为浅蓝色还带绿色的多孔小颗粒，呈碱性，溶于水；采用生物法生产的产品为褐色或黑褐色粉粒状或颗粒状，属中性肥料。

（2）科学施用 钾钙肥一般用作基肥和早期追肥，每亩施用量为60~100千克。与农家肥混合施用效果更好，施用后立即覆土。

（3）注意事项 烧结法产品适用于酸性土壤；生物法产品适合干旱地区墒情好的土壤，不宜在旱田和干旱地区墒情不好的土壤中使用，也不能与过酸过碱的肥料混合使用。钾钙肥应贮存在阴凉、干燥、通风的库房内，不宜露天堆放。

施肥歌谣

为方便施用钾钙肥，可熟记下面的歌谣：

钾钙肥，强碱性，酸性土壤最适用；褐色粉粒易溶水，各种果树都适用；

含钾只有四至五，性状较好便运输；含有二八硅钙镁，有利抗病与抗逆。

二、中量元素肥料

在葡萄树生长过程中，需要量仅次于氮、磷、钾，但比微量元素肥料需要量大的营养元素肥料称为中量元素肥料，主要是含钙、镁、硫等元素的肥料。

1. 含钙肥料

（1）主要石灰物质 石灰是最主要的钙肥，包括生石灰、熟石灰、碳酸石灰等。

1）生石灰又称烧石灰，主要成分为氧化钙，通常用石灰石烧制而成，多为白色粉末或块状，呈强碱性，具有吸水性，与水反应产生高热，并转化成粒状的熟石灰。生石灰中和土壤酸性能力很强，施入土壤后，可在短期内矫正土壤酸度。此外，生石灰还有杀虫、灭草和土壤消毒的功效。

2）熟石灰又称消石灰，主要成分为氢氧化钙，由生石灰吸湿或加水处理而成，多为白色粉末，溶解度大于石灰石粉，呈碱性反应，施用时不产生热，是常用的石灰。熟石灰中和土壤酸度能力也很强。

3）碳酸石灰的主要成分为碳酸钙，是由石灰石、白云石或贝壳类磨碎而成的粉末，不易溶于水，但溶于酸，中和土壤酸度能力缓效而持久。

碳酸石灰比生石灰加工简单，节约能源，成本低而改土效果好，同时不板结土壤，淋溶损失小，后效长，增产作用大。

（2）主要石膏物质　石膏既可为果树提供钙、硫养分，又是碱土化学改良剂。农用石膏有生石膏、熟石膏和磷石膏3种。

1）生石膏即普通石膏，俗称白石膏，主要成分是二水硫酸钙。它由石膏矿直接粉碎而成，呈粉末状，微溶于水，粒细，有利于溶解，改土效果也好，通常以过60目（孔径约为0.25毫米）筛孔为宜。

2）熟石膏又称雪花石膏，主要成分是二分之一水硫酸钙，由生石膏加热脱水而成，吸湿性强，吸水后又变成生石膏，物理性质变差，施用不便，宜贮存在干燥处。

3）磷石膏的主要成分是 $CaSO_4 \cdot Ca_3(PO_4)_2$，是硫酸分解磷矿石制取磷酸后的残渣，是生产磷铵的副产品。其成分因产地而异，一般含硫（S）11.9%、磷（P_2O_5）2%左右。

（3）石灰的科学施用　石灰多用作基肥，也可用作追肥。

1）用作基肥。一般结合整地时，将石灰与农家肥一起施入土壤，也可结合绿肥压青和稻草还田进行。一般每亩施用石灰30~50千克，沟施或穴施。如果用于改土，一般每亩施用量为150~250千克。

2）用作追肥。用作追肥时以条施或穴施为佳，每亩追施石灰15~20千克。

3）注意事项。施用石灰时不要过量，否则会降低土壤肥力，引起土壤板结。石灰还要施用均匀，否则会造成局部土壤中的石灰过多，影响果树生长。石灰不能与氮、磷、钾、微肥等一起混合施用，一般先施石灰，几天后再施其他肥料。石灰肥料有后效，一般隔3~5年施用1次。

施肥歌谣

为方便施用石灰，可熟记下面的歌谣：

钙质肥料施用早，常用石灰与石膏；主要调节土壤用，改善土壤理化性；

有益繁殖微生物，直接间接都可供；石灰可分生与熟，适宜改良酸碱土；

施用不仅能增钙，还能减少病虫害；亩施掌握百千克，莫混普钙人粪尿。

(4) 石膏的科学施用

1) 改良碱地。一般土壤中氢离子浓度在1纳摩尔/升以下(pH在9以上)时,需用石膏中和碱性,其用量视土壤交换性钠的含量来确定。交换性钠占土壤阳离子总量5%以下时,不必施用石膏;占10%~20%时,适量施用石膏;占20%以上时,石膏施用量要加大。

石膏多用作基肥,结合灌溉排水施用石膏。一般每亩施用量为100~200千克。施用石膏时要尽可能研细,石膏溶解度小,后效长,不必年年施用。如果碱土呈斑状分布,其碱斑面积不足15%时,石膏最好撒在碱斑面上。

磷石膏含氧化钙少,但价格便宜,并含有少量磷素,也是较好的碱土改良剂。其用量以比石膏多施1倍为宜。

2) 作为钙、硫营养施用。旱地基施撒施于土表,再结合翻耕,也可作为基肥条施或穴施,一般基肥施用量以每亩20~25千克为宜,追肥则每亩施15~20千克。

3) 注意事项。石膏主要用于碱性土壤改良或缺钙的砂质土壤、红壤、砖红壤等酸性土壤。石膏施用量要合适,过量施用会降低硼、锌等微量元素的有效性。石膏施用要配合有机肥料施用,还要考虑钙与其他营养离子间的相互平衡。

施肥歌谣

为方便施用石膏,可熟记下面的歌谣:

石膏性质为酸性,改良碱土土壤用;无论磷石与生熟,都含硫钙二元素;

碱土亩施百千克,深耕灌排利改土;基施亩二十千克,追施亩少五千克。

2. 含镁肥料

(1) 含镁肥料的种类与性质 农业上应用的镁肥有水溶性镁肥和微溶性镁肥。

1) 水溶性镁肥。水溶性镁肥主要有氯化镁、硝酸镁、七水硫酸镁、一水硫酸镁、硫酸钾镁等,其中以七水硫酸镁、一水硫酸镁应用最为广泛。

农业生产上常用的泻盐,实际上是七水硫酸镁,化学分子式为 $MgSO_4 \cdot 7H_2O$,易溶于水,稍有吸湿性,吸湿后会结块。水溶液为中性,属生理酸性肥料。目前,80%以上用作农肥。硫酸镁是一种双养分优质肥

料，硫、镁均为作物的中量元素，不仅可以增加作物产量，而且可以改善果实的品质。

2）微溶性镁肥。微溶性镁肥主要有氧化镁、钙镁磷肥、菱镁矿、光卤石、钾镁肥、硅镁钾肥、白云石烧制的生石灰等，其中以白云石烧制的生石灰、菱镁矿、钾镁肥等应用广泛，这些镁肥主要用于酸性土壤，既调整了酸度，也补充了镁营养。

（2）施用原则

1）镁肥优先施用在缺镁的土壤上。在酸性土、高淋溶的土壤、沼泽土、砂质土壤中易发生缺镁，施用镁肥效果较好。一般土壤中交换性镁饱和度低于4%，需要补充镁肥。酸性土壤缺镁时以施用菱镁矿、白云石粉效果良好；碱性土壤宜施氯化镁或硫酸镁。镁肥的肥效与土壤中有效镁的含量有密切关系，土壤酸性强、质地粗、淋溶强、母质中含镁少时容易缺镁。

2）镁肥施于需镁较多的作物上。蔬菜、烟草、果树及禾谷类作物对镁有良好的反应；镁肥对甜菜、橡胶、油橄榄、可可等也有效果。

3）按镁肥的种类选择施用。各种镁肥的酸碱性不同，对土壤的酸碱度的影响也不一样，如在红壤上镁肥效果由高到低的顺序为：碳酸镁、硝酸镁、氧化镁、硫酸镁。水溶性镁肥宜用作追肥，微溶性镁肥宜用作基肥。每亩施镁（Mg）量为2~3千克。

（3）科学施用　硫酸镁作为肥料，可作为基肥和追肥施用，并且应与铵态氮肥、钾肥、磷肥及有机肥料混合施用，这样有较好的效果。作为基肥时的每亩施用量为20~40千克。

（4）注意事项　追肥应根据作物缺镁形态症状表现确定是否施用。葡萄树每株穴施0.25千克。作为叶面追肥喷施用量为1%~2%，柑橘等可在成果期施用，这样效果较好。

施肥歌谣

为方便施用硫酸镁，可熟记下面的歌谣：

硫酸镁，名泻盐，无色结晶味苦咸；易溶于水为速效，酸性缺镁土需要；

基肥追肥均可用，配施有机肥效高；二十千克亩基施，叶面喷肥百分二。

3. 含硫肥料

（1）含硫肥料的种类与性质 含硫肥料的种类较多，大多数是氮、磷、钾及其他肥料，如硫酸镁、硫酸铵、硫酸钾、过磷酸钙、硫酸钾镁等，但只有石膏、硫黄被作为硫肥施用。

农用硫黄（S）的含硫量为95%~99%，难溶于水，施入土壤经微生物氧化为硫酸盐后被植物吸收，肥效较慢但持久。农用硫黄必须100%通过16目（孔径约为1.0毫米）筛，50%通过100目（孔径约为0.15毫米）筛。

（2）科学施用

1）施用量。主要根据作物的需要量和土壤缺硫程度来确定。一般而言，缺硫土壤每亩施硫（S）量为1.5~3千克，每亩施石膏10千克、硫黄2千克，即可满足当季作物对硫的需求。

2）硫肥品种选择。硫酸铵、硫酸钾及含微量元素的硫酸盐等含硫肥料是作物易于吸收的硫形态。普通过磷酸钙、石膏也是常用的硫肥，施用时着眼于硫素的作用，同时也要考虑带入其他元素引起的不平衡问题。施用硫黄，需要经过微生物分解后才能有效，其肥效受土壤温度、酸碱度和硫黄颗粒大小的影响，一般颗粒细的硫黄粉效果较好。

3）施用时间。硫肥要早施，可以拌和碎土后撒施，随耕地翻入土中，还可以拌和土杂肥用作蘸秧根肥料。葡萄树在临近生殖生长期时是需硫高峰，因此硫肥应在其生殖生长期前施用，作为基肥施用较好。

（3）注意事项 排水不良的土壤中，硫酸根被还原为硫化氢，对作物产生危害，应注意排除。

三、微量元素肥料

对于果树来说，含量在0.2~200毫克/千克（按干物重计）的必需营养元素称为微量营养元素，主要有锌、硼、锰、钼、铜、铁、氯7种，由于氯在自然界中比较丰富，未发现作物缺氯症状，因此一般不用作肥料施入。

1. 硼肥

（1）硼肥的主要种类与性质 硼是应用最广泛的微量元素之一。目前生产上常用的硼肥主要有硼酸、硼砂、硬硼钙石、五硼酸钠、硼钠钙石、硼镁肥等，其中最常用的是硼酸和硼砂。

1）硼酸，化学分子式为 H_3BO_3，白色结晶，含硼（B）量为17.5%，冷水中溶解度较低，热水中较易溶解，水溶液呈微酸性。硼酸为速溶性硼肥。

2）硼砂，化学分子式为 $Na_2B_4O_7 \cdot 10H_2O$，白色或无色结晶，含硼（B）量为11.3%，冷水中溶解度较低，热水中较易溶解。

在干燥条件下，硼砂失去结晶水而变成白色粉末状，即无水硼砂（四硼酸钠），易溶于水，吸湿性强，称为速溶硼砂。

（2）科学施用 土壤中水溶性硼的含量低于0.25毫克/千克时为严重缺硼，低于0.55毫克/千克时为缺硼，施用硼肥都有显著的增产效果。土壤中水溶性的硼含量在0.5~1毫克/千克时较为适量，能满足多数作物对硼的需要；1~2毫克/千克时有效硼含量偏高，多数作物不会缺硼；超过2毫克/千克时，一般应注意防止硼中毒。

硼肥主要作为基肥、根外追肥。作为基肥时，硼肥可与氮肥、磷肥配合施用，也可单独施用，每株葡萄土施硼砂100~150克。作根外追肥时，硼肥以喷施为主，喷施0.2%~0.3%的硼砂或0.1%~0.2%的硼酸，在花蕾期和盛花期各喷1次。肥料溶液用量以布满树体或叶面为宜。

（3）注意事项 土施硼肥当季利用率为2%~20%，具有后效，施用后肥效可持续3~5年。条施或撒施不均匀、喷洒浓度过大都有可能产生毒害，应慎重对待。

施肥歌谣

为方便施用硼肥，可熟记下面的歌谣：

常用硼肥有硼酸，硼砂已经用多年；硼酸弱酸带光泽，三斜晶体粉末白；

有效成分近十八，热水能够溶解它；果树缺硼结果少，叶片厚皱色绿暗；

增施硼肥能增产，关键还需巧诊断；多数果树都需硼，叶面喷洒最适宜；

叶面喷洒作追肥，浓度千分二至三；用于基肥农肥混，每亩莫过一千克。

2. 锌肥

（1）锌肥的主要种类与性质 目前生产上用到的锌肥主要有硫酸锌、氯化锌、碳酸锌、螯合态锌、氧化锌、硝酸锌、尿素锌等，最常用的是硫酸锌。

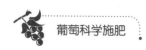

硫酸锌，一般是指七水硫酸锌，俗称皓矾，化学分子式为 $ZnSO_4 \cdot 7H_2O$，含锌（Zn）量为20%~30%，无色斜方晶体，易溶于水，在干燥环境下会失去结晶水变成白色粉末。还有一水硫酸锌，化学分子式为 $ZnSO_4 \cdot H_2O$，含锌（Zn）量为35%~36%，白色菱形结晶，易溶于水，有毒。

（2）科学施用 一般认为，缺锌主要发生在石灰性土壤；冷浸田、冬泡田、烂泥田也易发生缺锌；在酸性土壤中过量施用石灰或碱性肥料也易诱发作物缺锌；过量施用磷肥、新开垦土地、贫瘠的砂质土壤等也容易发生缺锌。一般土壤有效锌含量低于0.3毫克/千克时锌肥增产效果明显；0.3~0.5毫克/千克时为中度缺锌，施用锌肥增产效果显著；0.6~1毫克/千克时为轻度缺锌，施用锌肥也有一定增产效果；当超过1毫克/千克时，一般不需要施用锌肥。锌肥可以作为基肥和根外追肥。

1）用作基肥。硫酸锌可与生理酸性肥料混合施用，每亩施用1~2千克。轻度缺锌地块隔1~2年再施用，中度缺锌地块隔年或于第二年减量施用。

2）根外追肥。果树可在萌芽前1个月喷施0.2%~0.3%的硫酸锌溶液，萌发后喷施0.2%的硫酸锌溶液，1年生枝条分2~3次或在初夏时喷施0.2%的硫酸锌溶液。

（3）注意事项 硫酸锌作为基肥时，每亩施用量不要超过2千克，喷施浓度不要过高，否则会引起毒害。施用时一定要撒施均匀、喷施均匀，否则效果欠佳。锌肥不能与碱性肥料、碱性农药混合，否则肥效会降低。锌肥有后效，不需要连年施用，一般隔年施用效果好。

施肥歌谣

为方便施用锌肥，可熟记下面的歌谣：

常用锌肥硫酸锌，按照剂型有区分；一种七水化合物，白色颗粒或白粉；

含锌稳定二十三，易溶于水为弱酸；二种含锌三十六，菱形结晶性有毒；

最适土壤石灰性，还有酸性砂质土；果树缺锌要诊断，酌性增锌能增产；

果树缺锌幼叶小，缺绿斑点连成片；亩施莫超两千克，混合农肥生理酸；

遇磷生成磷酸锌，不易溶水肥效减；果树常用根外喷，浓度百分零点三。

3. 铁肥

(1) 铁肥的主要种类与性质　目前生产上用到的铁肥主要有硫酸亚铁、三氯化铁、硫酸亚铁铵、尿素铁、螯合铁、柠檬酸铁、葡萄糖酸铁等，常用的是硫酸亚铁。

1) 硫酸亚铁又称黑矾、绿矾，一般指七水硫酸亚铁，化学分子式为 $FeSO_4 \cdot 7H_2O$，含铁（Fe）量为19%~20%，浅绿色或蓝绿色结晶，易溶于水，有一定吸湿性。硫酸亚铁性质不稳定，极易被空气中的氧氧化为棕红色的硫酸铁，因此硫酸亚铁要放置于不透光的密闭容器中，并置于阴凉处存放。

2) 螯合铁肥主要有乙二胺四乙酸铁（EDTA-Fe）、二乙烯三胺五乙酸铁（DTPA-Fe）、羟乙基乙二胺三乙酸铁（HEDHA-Fe）、乙二胺邻羟基苯乙酸铁（EDDHA-Fe）等。这类铁肥可适用的pH、土壤类型广泛，肥效高，可混性强。

3) 羟基羧酸盐铁盐主要有氨基酸铁、柠檬酸铁、葡萄糖酸铁等。氨基酸铁、柠檬酸铁土施可促进土壤中铁的溶解与吸收，以及土壤中钙、磷、铁、锰、锌的释放，提高铁的有效性，其成本低于EDTA铁类，可与许多农药混用，对果树安全。

(2) 科学施用　石灰性土壤中的果树易发生缺铁失绿症；此外，高位泥炭土、砂质土壤、通气不良的土壤、富含磷或大量施用磷肥的土壤、有机质含量低的酸性土壤、过酸的土壤易发生缺铁。铁肥可作为基肥、根外追肥、注射施用等。

1) 用作基肥。一般施用硫酸亚铁，每亩15~20千克；铁肥在土壤中易转化为无效铁，其后效弱，需要年年施用。

2) 根外追肥。一般选用0.3%~0.4%的硫酸亚铁或螯合铁等溶液，对果树每隔7~10天喷1次，连喷3~4次。

3) 树干注射。可用0.3%~1.0%的硫酸亚铁或螯合铁溶液对树干进行注射。将注射针头插入树干，然后将输液瓶挂在树干上，让树体慢慢吸收。

4) 树干埋藏施肥。只用于多年生木本植物，如果树、林木等。在树干中部用直径为1厘米左右的木钻，钻深1~3厘米向下倾斜的孔，穿过形成层至木质部，向孔内放置1~2克固体硫酸亚铁或螯合铁，孔口立即用油灰或橡胶泥或黄泥封固，外面再涂一层石蜡，防止雨水渗入、昆虫产卵和病原菌滋生。

5）根灌施肥。在作物根系附近开沟或挖穴，多年生果树可深挖20~25厘米，每株树木开沟或挖穴5~10个，将螯合铁溶液灌入沟或穴中，每沟或每穴灌5~7升，待自然渗入土壤后即可覆土。

6）涂树干。对1~3年生幼树或苗木，用毛刷将0.3%~1.0%的螯合铁溶液环状刷涂在侧枝以下的主干上，刷涂宽度为20~30厘米。

7）局部富施铁肥。将2~3千克硫酸亚铁或螯合铁与100~150千克优质有机肥料混合均匀，在成龄树冠下挖5~7条放射状沟，沟深25~30厘米，将混有铁肥的有机肥料均匀地施入沟内，然后覆土。1年生作物在根系附近开沟，沟深15~20厘米，每亩施用混有铁肥的有机肥料500~1000千克。

施肥歌谣

为方便施用铁肥，可熟记下面的歌谣：

常用铁肥有黑矾，又名亚铁色绿蓝；含铁十九硫十二，易溶于水性为酸；

北方土壤多缺铁，直接施地肥效减；应混农肥人粪尿，用于果树大增产；

施用黑矾五千克，二百千克农肥掺；集中施于树根下，增产效果更可观；

为免土壤来固定，最好根外追肥用；亩需黑矾三百克，兑水一百千克整；

时间掌握出叶芽，连喷三次效果明；也可树干钻小孔，株塞两克入孔中；

还可针注果树干，浓度百分零点三；果树缺铁叶失绿，增施黑矾肥效速。

4. 锰肥

（1）锰肥的主要种类与性质 目前生产上用到的锰肥主要有硫酸锰、氧化锰、碳酸锰、氯化锰、硫酸铵锰、硝酸锰、锰矿泥、含锰矿渣、螯合态锰、氨基酸锰等，常用的是硫酸锰。

1）硫酸锰有一水硫酸锰和四水硫酸锰两种，化学分子式分别为$MnSO_4 \cdot H_2O$、$MnSO_4 \cdot 4H_2O$，含锰（Mn）量分别为31%和24%，都易溶于水。硫酸锰为浅玫瑰红色细小晶体，是目前常用的锰肥，速效。

2）氯化锰的化学分子式为$MnCl_2 \cdot 4H_2O$，含锰（Mn）量为27%，易溶于水，浅粉红色晶体。

（2）科学施用 在中性及石灰性土壤施用锰肥效果较好；砂质土壤、有机质含量低的土壤、干旱土壤等施用锰肥效果较好。锰肥可用作基肥、叶面喷施等。

1）用作基肥。一般每亩施用硫酸锰2~4千克，掺和适量农家肥或干细土10~15千克，沟施或穴施，施后覆土。

2）叶面喷施。可用0.2%~0.3%的硫酸锰溶液在果树不同生长阶段一次或多次进行叶面喷施，葡萄在花蕾期和盛花后各喷1次。

3）用作追肥。可在早春进行，每株果树施用硫酸锰200~300千克（视树体大小而异），于树干周围施用，施后覆土。

（3）注意事项 锰肥应在施足基肥和氮肥、磷肥、钾肥等的基础上施用。锰肥后效较差，一般隔年施用。

施肥歌谣

为方便施用锰肥，可熟记下面的歌谣：

常用锰肥硫酸锰，结晶白色或浅红；含锰二四至三一，易溶于水易风化；

果树缺锰叶肉黄，出现病斑烧焦状；严重全叶都失绿，叶脉仍绿特性强；

对照病态巧诊断，科学施用是关键；一般亩施三千克，生理酸性农肥混；

果树适宜叶面喷，千分之二就可用；对锰敏感果树多，苹果柑橘桃苹果。

5. 铜肥

（1）铜肥的主要种类与性质 生产上用的铜肥有硫酸铜、碱式硫酸铜、氧化亚铜、氧化铜、含铜矿渣等，其中五水硫酸铜是最常用的铜肥。

五水硫酸铜，俗称胆矾、铜矾、蓝矾，化学分子式为$CuSO_4 \cdot 5H_2O$，含铜（Cu）量为25%~35%，深蓝色块状结晶或蓝色粉末；有毒、无臭，带金属味。五水硫酸铜在常温下不潮解，于干燥空气中风化脱水成为白色粉末；能溶于水、醇、甘油及氨液，水溶液呈酸性。硫酸铜与石灰的混合乳液称为波尔多液，是一种良好的杀菌剂。

（2）科学施用 有机质含量低的土壤（如山坡地、风沙土、砂姜黑土、西北某些瘠薄黄土等）中有效铜含量均较低，施用铜肥可取得良好效果。另外，石灰岩、花岗岩、砂岩发育的土壤也容易缺铜。常用的铜肥是五水硫酸铜，可以用作基肥、根外追肥。

1）用作基肥。五水硫酸铜作为基肥时，每亩施用量为1~2千克，最好与其他生理酸性肥料配合施用，可与细土混合均匀后撒施、条施、穴施。

2）根外追肥。叶面喷施五水硫酸铜或螯合铜，用量少，效果好，一般每亩喷施0.1%~0.2%的肥料溶液50~75千克。对于果园，也可以和防治病虫害（喷施波尔多液）结合起来，最适宜的喷施时期是在每年的早春，既可防治病害，又可提供铜素营养。如果喷施螯合铜，用量可减少至1/3左右。

（3）注意事项 在土壤中施铜的后效具有明显的长期性，可维持6~8年甚至12年，依据施用量与土壤性质，一般为每4~5年施用1次。

施肥歌谣

为方便施用铜肥，可熟记下面的歌谣：

目前铜肥有多种，溶水只有硫酸铜；五水含铜二十五，蓝色结晶有毒性；

果树缺铜顶叶簇，上部顶梢多死枯；认准缺铜才能用，多用基肥叶面喷；

基肥亩施一千克，可掺十倍细土混；根外喷洒浓度大，氢氧化钙加百克；

波尔多液防病害，常用浓度千分一；由于铜肥有毒性，浓度宁稀不要浓。

6. 钼肥

（1）钼肥的主要种类与性质 生产上用的钼肥有钼酸铵、钼酸钠、三氧化钼、含钼玻璃肥料、含钼矿渣等，其中钼酸铵是最常用的钼肥。

1）钼酸铵的化学分子式为$(NH_4)_6Mo_7O_{24} \cdot 4H_2O$，含钼（Mo）量为50%~54%，无色或浅黄色菱形结晶，可溶于水、强酸及强碱中，不溶于醇、丙酮；在空气中易风化失去结晶水和部分氨，遇高温分解形成三氧化钼。

2）钼酸钠的化学分子式为$Na_2MoO_4 \cdot 2H_2O$，含钼量为35%~39%，白色结晶粉末，溶于水。

（2）科学施用 酸性土壤容易发生缺钼。在酸性土壤上施用石灰可

以提高钼的有效性。常用的钼酸铵可以用作基肥、根外追肥等。

1）用作基肥。在播种前每亩用10~50克钼酸铵与常量元素肥料混合施用，或者喷涂在一些固体物料的表面，条施或穴施。由于钼肥价格昂贵，一般不用作基肥，可多喷施。

2）根外追肥。每亩喷施0.05%~0.1%的肥料溶液50~75千克，每隔7~10天喷1次，共喷2~3次。

施肥歌谣

为方便施用钼肥，可熟记下面的歌谣：

常用钼肥钼酸铵，五十四钼六个氮；粒状结晶易溶水，也溶强碱及强酸；

太阳暴晒易风化，失去晶水以及氨；果树缺钼叶失绿，首先表现叶脉间；

基肥每亩五十克，严防施用超剂量；由于价格较昂贵，根外喷洒最适宜；

第四节　复合（混）肥料

复合（混）肥料是世界肥料工业的发展方向，其施用量已超过化肥总施用量的1/3。复合（混）肥料的作用是满足不同生产条件下果树对多种养分的综合需要和平衡。按其制造方法不同可分为复合肥料、复混肥料和掺混肥料3种类型。

一、复合肥料

一般真正意义上的复合肥料是指化学合成的化成复合肥料，其生产的基础原料主要是矿石或化工产品，工艺流程中有明显的化学反应过程，产品成分和养分浓度相对固定。这类肥料的物理、化学性质稳定，施用方便，有效性高，还可以作为复混肥料、掺混肥料的主要原料。

1. 磷酸铵系列

磷酸铵系列包括磷酸一铵、磷酸二铵、磷酸铵和聚磷酸铵，是氮、磷二元复合肥料。

（1）基本性质　磷酸一铵的化学分子式为$NH_4H_2PO_4$，含氮（N）10%~14%、磷（P_2O_5）42%~44%，为灰白色或浅黄色颗粒或粉末，不易吸潮、结块，易溶于水，水溶液为酸性，性质稳定，氨不易挥发。

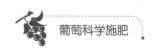

磷酸二铵简称二铵，化学分子式为（$(NH_4)_2HPO_4$），含氮（N）18%、磷（P_2O_5）约46%，纯品为白色，一般商品外观为灰白色或浅黄色颗粒或粉末，易溶于水，水溶液为中性至偏碱，不易吸潮、结块，相对于磷酸一铵，其性质不是十分稳定，在湿热条件下，氨易挥发。

目前，用作肥料的磷酸铵产品，实际是磷酸一铵、磷酸二铵的混合物，含氮（N）12%~18%、磷（P_2O_5）47%~53%，产品多为颗粒状，性质稳定，并加有防湿剂以防吸湿分解，易溶于水，水溶液中性。

（2）科学施用　磷酸铵系列可用作基肥、追肥，也可以进行叶面喷施。作为基肥、追肥，一般每亩施用量为20~40千克，可沟施或穴施，也可灌溉施肥。叶面喷施时需要用水溶解后过滤，再兑水配成0.5%~1%的溶液。

（3）注意事项　磷酸铵系列基本适合所有土壤，但不能和碱性肥料混合施用。第一年如果施用足够的磷酸铵，第二年一般不需再施磷肥，应以补充氮肥为主。磷酸铵应优先用在需磷较多的果树和缺磷土壤，施用磷酸铵的果树应补充施用氮肥、钾肥。

施肥歌谣

为方便施用磷酸铵，可熟记下面的歌谣：

磷酸一铵：磷酸一铵性为酸，四十二磷十四氮。我国土壤多偏碱，适应尿素掺一铵。氮磷互补增肥效，省工省钱又高产。要想农民多受益，用它生产配方肥。

磷酸二铵：磷酸二铵性偏碱，四十六磷十八氮。国产二铵含量低，四十五磷氮十三。按理应施酸性地，碱地不如施一铵。施用最好掺尿素，随掺随用能增产。

磷酸铵：一铵二铵合磷铵，四十六磷十五氮。颗粒灰白呈中性，遇碱也能放出氮。适应各类土壤地，可用基肥和追肥。最适作物有麦稻，还有果树和蔬菜。

液体磷酸铵：生产液体磷酸铵，工艺简单成本廉。含氮有七磷二十，易溶于水性偏酸。悬浮性能比较好，没在腐蚀不沉淀。适应面广有前途，施用还需增加氮。

2. 硝酸磷肥

（1）基本性质　硝酸磷肥的生产工艺有冷冻法、碳化法、硝酸-硫酸法，因而其产品组成也有一定差异。硝酸磷肥的主要成分是磷酸二钙、硝

酸铵、磷酸一铵，另外还含有少量的硝酸钙、磷酸二铵，含氮（N）13%～26%、磷（P_2O_5）12%～20%。冷冻法生产的硝酸磷肥中有效磷的75%为水溶性磷、25%为弱酸溶性磷；碳化法生产的硝酸磷肥中有效磷基本都是弱酸溶性磷；硝酸-硫酸法生产的硝酸磷肥中有效磷的30%～50%为水溶性磷。硝酸磷肥一般为灰白色颗粒，有一定吸湿性，部分溶于水，水溶液呈酸性反应。

（2）科学施用　硝酸磷肥主要用作基肥和早期追肥。作为基肥时条施、深施效果较好，每亩施用量为30～50千克。一般是在底肥不足的情况下，作为追肥施用。

（3）注意事项　硝酸磷肥含有硝酸根，容易助燃和爆炸，在贮存、运输和施用时应远离火源，如果肥料出现结块现象，应用木棍将其击碎，不能使用铁锹拍打，以防爆炸伤人。硝酸磷肥呈酸性，适宜施用在北方石灰质的碱性土壤中，不适宜施用在南方酸性土壤中。硝酸磷肥含硝态氮，容易随水流失，用作追肥时应避免根外喷施。

施肥歌谣

为方便施用硝酸磷肥，可熟记下面的歌谣：

硝酸磷肥性偏酸，复合成分有磷氮；二十六氮十三磷，最适中低旱作田；

由于含有硝态氮，最好施用在旱田；莫混碱性肥料用，贮运施用严加管。

3. 硝酸钾

（1）基本性质　硝酸钾分子式为KNO_3。含氮（N）13%、钾（K_2O）46%。纯净的硝酸钾为白色结晶，粗制品略带黄色，有吸湿性，易溶于水，为化学中性、生理中性肥料。硝酸钾在高温下易爆炸，属于易燃易爆物质，在贮运、施用时要注意安全。

（2）科学施用　硝酸钾宜用作追肥，一般每亩施用量为10～15千克，如用于其他作物则应配合单质氮肥以提高肥效。硝酸钾也可用作根外追肥，适宜的施用量为0.6%～1%。在干旱地区还可以与有机肥混合作为基肥施用，每亩施用量为10千克。

（3）注意事项　硝酸钾属于易燃易爆物质，生产成本较高，因此用作肥料的比重不大。运输、贮存和施用时要注意防高温，切忌与易燃物接触。

施肥歌谣

为方便施用硝酸钾，可熟记下面的歌谣：

硝酸钾，称火硝，白色结晶性状好；不含其他副成分，生理中性好肥料；

硝态氮素易淋失，莫施水田要牢记；果树宜做基追肥，葡萄西瓜肥效高；

四十六钾十三氮，根外追肥效果好；以钾为主氮偏低，补充氮磷配比调。

4. 磷酸二氢钾

（1）基本性质 磷酸二氢钾是含磷、钾的二元复肥，分子式为KH_2PO_4，含磷（P_2O_5）52%、钾（K_2O）35%，为灰白色粉末，吸湿性小，物理性状好，易溶于水，是一种很好的肥料，但价格高。

（2）科学施用 磷酸二氢钾可用作基肥、追肥和种肥。因其价格高，多用于根外追肥和浸种。磷酸二氢钾的喷施量为0.1%~0.3%，在葡萄生殖生长期开始时使用。

目前推广的磷酸二氢钾的超常量施用技术为：葡萄秋施基肥时，将磷酸二氧钾均匀施入，覆盖后浇水1次，用量可根据树龄大小调整，每株用量为500~1000克；在初花、幼果期分别喷施1次磷酸二氢钾溶液，每亩每次施用磷酸二氢钾800克兑水60千克喷施；膨大期喷施2~4次，每亩每次施用磷酸二氢钾1200克兑水100千克喷施。

（3）注意事项 磷酸二氢钾在果树上主要用于叶面喷施。磷酸二氢钾和一些氮素化肥、微肥及农药等做到合理配合，进行混施，可节省劳动力，增加肥效和药效。

施肥歌谣

为方便施用磷酸二氢钾，可熟记下面的歌谣：

复肥磷酸二氢钾，适宜根外来喷洒；内含五十二个磷，还有三十五个钾；

一亩土地千余克，提前成熟果粒大；还能抵御干热风，改善品质味道佳。

5. 磷铵系列

在磷酸铵生产基础上，为了平衡氮、磷营养比例，加入单一氮肥品种，便形成磷铵系列复合肥，主要有尿素磷酸盐、硫磷铵、硝磷铵等。

（1）基本性质

1）尿素磷酸盐有尿素磷酸铵、尿素磷酸二铵等。尿素磷酸铵含

氮（N）17.7%、磷（P_2O_5）44.5%。尿素磷酸二铵养分含量有 37-17-0、29-29-0、25-25-0 等类型。

2）硫磷铵是将氨通入磷酸与硫酸的混合液制成的，含有磷酸一铵、磷酸二铵和硫酸铵等成分，含氮（N）16%、磷（P_2O_5）20%，为灰白色颗粒，易溶于水，不吸湿，易贮存，物理性状好。

3）硝磷铵的主要成分是磷酸一铵和硝酸铵，按养分含量分有 25-25-0、28-14-0 等类型。

（2）科学施用　磷铵系列复合肥可以用作基肥、追肥，适宜多种果树和土壤。

6. 三元复合肥

（1）铵磷钾　铵磷钾是用硫酸钾和磷酸盐按不同比例混合而成或磷酸铵加钾盐制成的三元复合肥料，一般有 12-24-12、12-20-15、10-30-10 等类型。物理性质很好，养分均为速效，易被作物吸收，适宜多种果树和土壤，可用作基肥和追肥。

施肥歌谣

为方便施用铵磷钾，可熟记下面的歌谣：

三元复肥铵磷钾，磷铵硫钾两相加；也有外加硫酸铵，产品可分一二三；

一号氮钾各十二，含磷可达二十四。二号含氮有十二，含钾十五磷二十。

三号氮钾都是十，含磷高达整三十。按照作物需肥律，多用果树经济地。

（2）尿磷铵钾　尿磷铵钾养分含量多为 28-14-14，可以用作基肥、追肥和种肥，适宜多种果树和土壤。

施肥歌谣

为方便施用尿磷铵钾，可熟记下面的歌谣：

尿素钾磷调三元，氮磷钾肥养料全；生产是用硝酸钾，熔合尿素和二铵。

含磷含钾各十四，还有二十八个氮；硝氮四来铵氮六，另有十八为酰胺。

由于三氮样样全，重用果树经济田；又因氮磷二比一，更适中等小麦地。

（3）硝磷钾　硝磷钾由硝酸铵、磷酸铵、硫酸钾或氯化钾等组成，按需要选用不同比例的氮、磷、钾，可以用作基肥、追肥，适宜多种果树和土壤。

施肥歌谣

为方便施用硝磷钾，可熟记下面的歌谣：

硝酸磷中加入钾，可产四种硝磷钾；一是冷冻硝磷钾，三素含量不上下；

含氮十五磷十六，还有十七氧化钾。二是碳酸硝磷钾，含氮十五钾十八；

含磷有九多枸溶，酸性土壤很适应；二氧化碳代硫酸，降低成本价低廉。

三是磷酸硝磷钾，三个十七肥效大。以上三种均含氯，千万莫用烟蔗薯。

四是无氯硝磷钾，硫钾代替氯化钾；由于生产成本高，经济作物才用它。

二、复混肥料

复混肥料是将两种或多种单质化肥，或用一种复合肥料与几种单质化肥，通过物理混合的方法制得的不同规格即不同养分配比的肥料。物理加工过程包括粉碎后再混拌、造粒，也包括将各种原料高温熔融后再造粒。目前主要有三大工艺：粉料混合造粒法、料浆造粒法和熔融造粒法。

1. 复混肥料的类型

按对作物的用途划分，可分为专用肥和通用肥两种。

（1）专用肥 专用肥是针对不同作物对氮、磷、钾三元素的需求规律而生产出氮、磷、钾含量和比例差异的复混肥料。目前常用的品种有果树专用肥［9-7-9（Fe）］等。专用肥一般用作基肥。

（2）通用肥 通用肥是大的生产厂家为了保持常年生产或在不同的用肥季节交替时加工的产品，主要有15-15-15、10-10-10、8-8-9等类型。通用肥适宜各种作物和土壤，一般用作基肥。

2. 常见复混肥料的性质与科学施用

（1）硝铵-磷铵-钾盐复混肥系列 该系列复混肥可用硝酸铵、磷铵或过磷酸钙、硫酸钾或氯化钾等混合制成，也可在硝酸磷肥基础上配入磷铵、硫酸钾等进行生产。产品执行GB/T 15063—2020《复合肥料》，养分

含量有 10-10-10（S）或 15-15-15（Cl）。由于该系列复混肥含有部分硝基氮，可被作物直接吸收利用，肥效快，磷素的配置比较合理，速缓兼容，肥效长久，可作为种肥施用，不会发生肥害。

该系列复混肥呈浅褐色颗粒状，氮素中有硝态氮和铵态氮，磷素中30%~50%为水溶性磷，50%~70%为枸溶性磷，钾素为水溶性；有一定的吸湿性，应注意防潮结块。

该肥料一般用作基肥和早期追肥，每亩施用量为 40~60 千克。

（2）磷酸铵-硫酸铵-硫酸钾复混肥系列 该系列复混肥主要有铵磷钾肥，是用磷酸一铵或磷酸二铵、硫酸铵、硫酸钾按不同比例混合而生产的三元复混肥料。产品执行 GB/T 15063—2020《复合肥料》。养分含量有12-24-12（S）、10-20-15（S）、10-30-10（S）等多种。

铵磷钾肥的物理性状良好，易溶于水，易被作物吸收利用，主要用作基肥，也可用作早期追肥，每亩施用量为 40~60 千克。目前主要用在忌氯果树上，施用时可根据需要选用一种适宜的比例，或在追肥时用单质肥料进行调节。

（3）尿素-过磷酸钙-氯化钾复混肥系列 该系列复混肥是用尿素、过磷酸钙、氯化钾为主要原料生产的三元系列复混肥料，总养分含量在 28%以上，还含有钙、镁、铁、锌等中量和微量元素。产品执行 GB/T 15063—2020《复合肥料》。

该系列复混肥外观为灰色或灰黑色颗粒，不起尘，不结块，便于装卸和施用，在水中会发生崩解。应注意防潮、防晒、防重压，开包施用最好一次用完，以防吸潮结块。

该系列复混肥适用于瓜果等作物，一般用作基肥和早期追肥，但不能直接接触种子和作物根系。用作基肥时，一般每亩施用量为 50~60 千克；用作追肥时，一般每亩施用量为 10~15 千克。

（4）尿素-钙镁磷肥-氯化钾复混肥系列 该系列复混肥是用尿素、钙镁磷肥、氯化钾为主要原料生产的三元系列复混肥料，产品执行GB/T 15063—2020《复合肥料》。由于尿素产生的氨在和碱性的钙镁磷肥充分混合的情况下，易产生挥发损失，因此在生产上采用酸性黏结剂包裹尿素工艺技术，既可降低颗粒肥料的碱性度，施入土壤后又可减少或降低氮素的挥发损失和磷、钾素的淋溶损失，从而进一步提高肥料的利用率。

该产品含有较多营养元素，除含有氮、磷、钾外，还含有 6%左右的氧化镁、1%左右的硫、20%左右的氧化钙、10%以上的二氧化硅，以及少量的铁、锰、锌、钼等微量元素。其物理性状良好，吸湿性小。

该产品适用于瓜果等作物，特别适用于南方酸性土壤。一般用作基肥，但不能直接接触种子和作物根系。用作基肥时，一般每亩施 50～60 千克。

（5）尿素-磷酸铵-硫酸钾复混肥系列 该系列复混肥是以尿素、磷酸铵、硫酸钾为主要原料生产的三元复混肥料，属于无氯型氮磷钾三元复混肥，其总养分含量大于 54%，水溶性磷的含量大于 80%。产品执行 GB/T 15063—2020《复合肥料》。

该产品有粉状和粒状两种。粉状肥料外观为灰白色或灰褐色均匀粉状物，不易结块，除了部分填充料外，其他成分均能在水中溶解。粒状肥料外观为灰白色或黄褐色粒状，pH 为 5～7，不起尘，不结块，便于装、运和施肥。该产品主要用作基肥和追肥施用，用作基肥时，一般每亩施 40～50 千克；用作追肥时，一般每亩施 10～15 千克。

（6）含微量元素的复混肥 生产含微量元素的复混肥的品种有以下原则：要有一定数量的基本微量元素种类，满足种植在缺乏微量元素的土壤中作物的需要；微量元素的形态要适合所有的施用方法。

1）含锰复混肥料是将尿素磷铵钾、磷酸铵和高浓度无机混合肥等，在造粒前加入硫酸锰，或将硫酸锰事先与一种肥料混合，再与其他肥料混合，经造粒而制成的。其主要品种有：含锰尿素磷铵钾，18-18-18-1.5（Mn）；含锰硝磷铵钾，17-17-17-1.3（Mn）；含锰无机混合肥料，18-18-18-1.0（Mn）；含锰磷酸一铵，12-52-0-3.0（Mn）。

含锰复混肥料一般用作基肥，撒施时每亩用量为 20～30 千克，条施时每亩用量为 10～15 千克，主要用在缺锰土壤和对锰敏感的果树上。

2）含硼复混肥料是将硝磷铵钾肥、尿素磷铵钾肥、磷酸铵及高浓度无机混合肥等在造粒前加入硼酸，或将硼酸事先与一种肥料混合，再与其他肥料混合，经造粒而制成的。其主要品种有：含硼尿素磷铵钾，18-18-18-0.20（B）；含硼硝磷铵钾，17-17-17-0.17（B）；含硼无机混合肥料，16-24-16-0.2（B）；含硼磷酸一铵，12-52-0-0.17（B）。

含硼复混肥料一般用作基肥，撒施时每亩施用量为 20～30 千克，穴施时每亩施用量为 6～10 千克，主要用在缺硼土壤和对硼敏感的果树上。

3）含钼复混肥料是硝磷钾肥、磷钾肥（重过磷酸钙+氯化钾或过磷酸钙+氯化钾）同钼酸铵的混合物。含钼硝磷钾肥是向磷酸中添加钼酸铵

进行中和，或者进行氨化、造粒而制成的。其主要品种有：含钼硝磷钾肥，17-17-17-0.5（Mo）；含钼重过磷酸钙+氯化钾，0-27-27-0.9（Mo）；含钼过磷酸钙+氯化钾，0-15-15-0.5（Mo）。

含钼复混肥料一般用作基肥，撒施时每亩施用量为20~30千克，穴施时每亩施用量为5~8千克。

4）含铜复混肥料是以尿素、氯化钾和硫酸铜为原料制成的氮-钾-铜复混肥料，含氮14%~16%、氧化钾34%~40%、铜0.6%~0.7%。该肥料可用在泥炭土和其他缺铜的土壤中，一般用作基肥或播种前用作种肥，每亩用量为20~30千克。

5）含锌复混肥料是以磷酸铵为基础制成的氮-磷-锌肥和氮-磷-钾-锌肥，含氮12%~13%、五氧化二磷50%~60%、锌0.7%~0.8%，或含氮18%~21%、五氧化二磷18%~21%、氧化钾18%~21%、锌0.3%~0.4%。该肥料适用于对锌敏感的作物和缺锌土壤，一般用作基肥，撒施时每亩施用量为20~30千克，穴施时每亩施用量为5~10千克。

三、掺混肥料

掺混肥料又称配方肥、BB肥，是由两种以上粒径相近的单质肥料或复合肥料为原料，按一定比例，通过简单的机械掺混而成，是各种原料的混合物。这种肥料一般是农户根据土壤养分状况和作物需要随混随用。

掺混肥料的优点是生产工艺简单，操作灵活，生产成本较低，养分配比适应微域调控或具体田块作物的需要。与复合肥料和复混肥料相比，掺混肥料在生产、贮存、施用等方面有其独特之处。

掺混肥料一般是针对当地作物和土壤而生产的，因此要因土壤、作物而施用，一般用作基肥。

身边案例

复混肥料“五花八门”，要注意辨别

肥料市场混乱，果农受害多。一些厂商利用果农对肥料知识不懂，故意在包装上做手脚，以此来迷惑果农，不少果农为追求含量高低，而忽略肥料的性质，给一些不法厂商造成可乘之机。不少果农买肥料只图价格便宜，往往会上当受骗。彩图1~彩图8中的肥料在包装标识或其他方面存在问题，果农在购买时一定要注意！

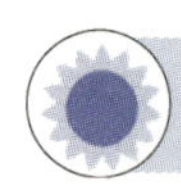

第五节 新型肥料

新型肥料是指利用新方法、新工艺生产的，具有复合高效、全营养控释、环境友好等特点的一类肥料的总称。其主要类型有新型氮肥、长效钾肥、新型水溶肥料、新型复混肥料等。这里主要讲述常用的新型氮肥和新型复混肥料。

一、新型氮肥

1. 脲醛类肥料的科学施用

脲醛类肥料是由尿素和醛类在一定条件下反应制成的有机微溶性缓释性氮肥。

（1）脲醛类肥料的种类和标准 目前主要有脲甲醛、异丁叉二脲、丁烯叉二脲、脲醛缓释复合肥等，其中最具代表性的产品是脲甲醛。脲甲醛不是单一化合物，是由链长与分子量不同的甲基尿素混合而成的，主要有未反应的少量尿素、羟甲基脲、亚甲基二脲、二亚甲基三脲、三亚甲基四脲、四亚甲基五脲、五亚甲基六脲等缩合物所组成的混合物，其全氮（N）含量大约为38%，有固体粉状、片状或粒状，也可以是液体形态。

脲甲醛肥料的各成分要求为：总氮（TN）含量大于或等于36.0%，尿素氮（UN）含量小于或等于5.0%，冷水不溶性氮（CWIN）含量大于或等于14.0%，热水不溶性氮（HWIN）含量小于或等于16.0%，缓效有机氮大于或等于8.0%，活性系数（AI）大于或等于40.0%，水分含量小于或等于3.0%。

脲醛缓释复合肥是以脲醛树脂为核心原料的新型复合肥料。该肥料在不同温度下分解速度不同，能满足作物不同生长期的养分需求，养分利用率高达50%以上，肥效是同含量普通复合肥的1.6倍以上；该肥料无外包膜、无残留，养分释放完全，减轻了养分流失和对土壤水源的污染。

我国2010年颁布了化工行业标准HG/T 4137-2010《脲醛缓释肥料》，并于2011年3月1日起实施。脲醛缓释肥料的技术要求见表2-8，对含有部分脲醛肥料的复混肥料的技术要求见表2-9。

（2）脲醛类肥料的特点 脲醛类肥料的特点主要表现在以下5个方面：①可控。根据作物的需肥规律，通过调节添加剂含量的方式可以任意设计并生产不同释放期的缓释肥料。②高效。养分可根据作物的需求释放，需求多少释放多少，大大减少养分的损失，提高肥料的利用率。③环

保。养分向环境散失少，同时包壳可完全生物降解，对环境友好。④安全。较低盐分指数，不会烧苗伤根。⑤经济。可一次施用，在整个生长发育期均发挥肥效，同时较常规施肥可减少用量，节肥、节约劳动力。

表 2-8　脲醛缓释肥料的技术要求

项目	指标（%）		
	脲甲醛	异丁叉二脲	丁烯叉二脲
总氮（TN）的质量分数	≥36.0	≥28.0	≥28.0
尿素氮（UN）的质量分数	≤5.0	≤3.0	≤3.0
冷水不溶性氮（CWIN）的质量分数	≥14.0	≥25.0	≥25.0
热水不溶性氮（HWIN）的质量分数	≤16.0	—	—
缓释有效氮的质量分数	≥8.0	≥25.0	≥25.0
活性系数（AI）	≥40	—	—
水（H_2O）的质量分数①	≤3.0		
粒度（1.00～4.75 毫米或 3.35～5.60 毫米）②	≥90		

① 对于粉状产品，水的质量分数≤5.0%。

② 对于粉状产品，粒度不做要求，特殊形状或更大颗粒（粉状除外）产品的粒度可由供需双方协议确定。

表 2-9　含有部分脲醛缓释肥料的复混肥料的技术要求

项目	指标（%）
缓释有效氮的质量分数（以冷水不溶性氮 CWIN 计）①	≥标明值
总氮（TN）的质量分数②	≥18.0
中量元素单一养分的质量分数（以单质计）③	≥2.0
微量元素单一养分的质量分数（以单质计）④	≥0.02

① 肥料为单一氮养分时，缓释有效氮（以冷水不溶性氮 CWIN 计）不应小于 4.0%；肥料养分为两种或两种以上时，缓释有效氮（以冷水不溶性氮 CWIN 计）应不小于 2.0%。应注明缓释氮的形式，如脲甲醛、异丁叉二脲、丁烯叉二脲。

② 该项目仅适用于含有一定量脲醛缓释肥料的缓释氮肥。

③ 包装容器标明含有钙、镁、硫时检测该项指标。

④ 包装容器标明含有铜、铁、锰、锌、硼、钼时检测该项指标。

（3）脲醛肥料的选择和施用 脲醛类肥料只适合作为基肥施用，除了草坪和园林外，如果在葡萄树上施用时，应适当配合速效水溶性氮肥。

2. 稳定性肥料的科学施用

稳定性肥料是指在生产过程中加入了脲酶抑制剂和（或）硝化抑制剂，施入土壤后能通过脲酶抑制剂抑制尿素的水解，和（或）通过硝化抑制剂抑制铵态氮的硝化，使肥效期得到延长的一类含氮（含酰胺态氮/铵态氮）肥料，包括含氮的二元或三元肥料和单质氮肥。

（1）稳定性肥料的主要类型 稳定性肥料包括含硝化抑制剂和脲酶抑制剂的缓释产品，如添加双氰胺、3,4-二甲基吡唑磷酸盐、正丁基硫代磷酰三胺、对苯二酚（氢醌）等抑制剂的稳定性肥料。

目前，脲酶抑制剂的主要类型有：①磷胺类，如环乙基磷酸三酰胺、硫代磷酰三胺、磷酰三胺、N-丁基硫代磷酰三胺、N-丁基磷酰三胺等，主要官能团为 P=O 或 $S=PNH_2$。②酚醌类，如对苯醌、氢醌、醌氢醌、蒽醌、菲醌、1,4-对苯二酚、邻苯二酚、间苯二酚、苯酚、甲苯酚、苯三酚、茶多酚等，其主要官能团为酚羟基醌基。③杂环类，如六酰氨基环三磷腈、硫代吡啶类、硫代吡唑-N-氧化物、N-卤-2-咪唑艾杜烯、N,N-二卤-2-咪唑艾杜烯等，主要特征是均含有—N=基及—O—基团。

硝化抑制剂的原料有：含硫氨基酸（甲硫氨酸等），其他含硫化合物（二甲基二硫醚、二硫化碳、烷基硫醇、乙硫醇、硫代乙酰胺、硫代硫酸、硫代氨基甲酸盐等）、硫脲、烯丙基硫脲、烯丙基硫醚、双氰胺、吡唑及其衍生物等。

（2）稳定性肥料的特点 稳定性肥料采用了尿素控释技术，可以使氮肥的有效期延长到 60~90 天，有效时间长；稳定性肥料有效地抑制了氮素的硝化作用，可以提高氮肥利用率 10%~20%，40 千克稳定性控释型尿素相当于 50 千克普通尿素。

（3）稳定性肥料的施用 稳定性肥料可以用作基肥和追肥，施肥深度为 7~10 厘米。作为基肥时，将总施肥量折纯氮的 50%施用稳定性肥料，另外 50%施用普通尿素。

（4）注意事项 由于稳定性肥料速效性慢、持久性好，需要较普通肥料提前 3~5 天施用；稳定性肥料的肥效可达到 60~90 天，常见蔬菜、大田作物一季施用 1 次就可以，注意配合施用有机肥料，效果理想；如果是作物生长前期，以长势为主，则需要补充普通氮肥；各地的土壤墒情、

气候、土壤质地不同，需要根据作物生长状况进行肥料补充。

3. 增值尿素的科学施用

增值尿素是指在基本不改变尿素生产工艺的基础上，增加简单设备，向尿液中直接添加生物活性类增效剂所生产的尿素增值产品。增效剂主要是指利用海藻酸、腐殖酸和氨基酸等天然物质经改性获得的、可以提高尿素利用率的物质。

（1）增值尿素的产品要求　增值尿素产品具有产能高、成本低、效果好的特点。增值尿素产品应符合以下原则：含氮（N）量不低于46%，符合尿素产品含氮量的国家标准；可建立添加增效剂的增值尿素质量标准，具有常规的可检测性；微量但高效，添加量为0.05%~0.5%；工艺简单，成本低；为天然物质及其提取物或合成物，对环境、作物和人体无害。

（2）增值尿素的主要类型　目前，市场上的增值尿素主要产品有以下7种：

1）木质素包膜尿素。木质素是一种含有许多负电基团的多环高分子有机物，对土壤中的高价金属离子有较强的亲和力。木质素比表面积大、质轻，作为载体与氮、磷、钾、微量元素混合，养分利用率可达80%以上，肥效可持续20周之久；无毒，能降解，能被微生物降解成腐殖酸，可以改善土壤理化性质，提高土壤通透性，防止土壤板结；在改善肥料的水溶性、降低土壤中脲酶活性、减少有效成分被土壤组分固持及提高磷的活性等方面有明显效果。

2）腐殖酸尿素。腐殖酸与尿素通过科学工艺进行有效复合，可以使尿素具有缓释性，并通过改变尿素在土壤中的转化过程和减少氮素的损失，改善养分的供应，从而提高氮肥利用率45%以上。例如，锌腐酸尿素是在每吨尿素中添加锌腐酸增效剂10~50千克，颜色为棕色至黑色，腐殖酸含量不低于0.15%，腐殖酸沉淀率不高于40%，含氮量不低于46%。

3）海藻酸尿素。海藻酸尿素是在尿素常规生产工艺过程中，添加海藻酸增效剂（含有海藻酸、吲哚乙酸、赤霉素、萘乙酸等）生产的增值尿素。该种尿素可促进作物根系生长，提高根系活力，增强作物吸收养分能力；可抑制土壤脲酶活性，降低尿素的氨挥发损失；发酵海藻增效剂中的物质与尿素发生反应，通过氢键等作用力延缓尿素在土壤中的释放和转化过程；海藻酸尿素还可以起到抗旱、抗盐碱、耐寒、杀菌和提高产品品

质等作用。海藻酸尿素是在每吨尿素中添加海藻酸增效剂10~30千克，颜色为浅黄色至浅棕色，海藻酸含量不低于0.03%，含氮量不低于46%，尿素残留差异率不低于10%，氨挥发抑制率不低于10%。

4）禾谷素尿素。禾谷素尿素是在尿素常规生产工艺过程中，添加禾谷素增效剂（以天然谷氨酸为主要原料经聚合反应而生成的）生产的增值尿素。其中谷氨酸是作物体内多种氨基酸合成的前体，在作物生长过程中起着至关重要的作用；谷氨酸在作物体内形成的谷氨酰胺，贮存氮素并能消除因氨浓度过高产生的毒害作用。因此，禾谷素尿素可促进作物生长，改善氮素在作物体内的贮存形态，降低氨对作物的危害，提高养分利用率，可补充土壤的微量元素。禾谷素尿素是在每吨尿素中添加禾谷素增效剂10~30千克，颜色为白色至浅黄色，含氮量不低于46%，谷氨酸含量不低于0.08%，氨挥发抑制率不低于10%。

5）纳米尿素。纳米尿素是在尿素常规生产工艺过程中，添加纳米碳生产的增值尿素。纳米碳进入土壤后能溶于水，使土壤的EC值增加30%，可直接形成HCO_3^-，以质流的形式进入根系，进而随着水分的快速吸收，携带大量的氮、磷、钾等养分进入作物体内合成叶绿体和线粒体，并快速转化为淀粉粒，因此纳米碳起到生物泵作用，增加作物根系吸收养分和水分的潜能。每吨纳米尿素成本比一般尿素只增加200~300元，但在高产条件下可节肥30%左右，每亩综合成本下降20%~25%。

6）多肽尿素。多肽尿素是在尿素溶液中加入金属蛋白酶，经蒸发器浓缩造粒而成。酶是生物发育成长不可缺少的催化剂，因为生物体进行新陈代谢的所有化学反应，几乎都是在生物催化剂酶的作用下完成的。多肽是涉及生物体内各种细胞功能的生物活性物质。肽键是氨基酸在蛋白质分子中的主要连接方式，肽键金属离子化合而成的金属蛋白酶具有很强的生物活性，酶鲜明地体现了生物的识别、催化、调节等功能，可激化化肥，促进化肥分子活跃。金属蛋白酶可以被作物直接吸收，因此可节省作物在转化微量元素中所需要的“体能”，大大促进作物生长发育。经试验，施用多肽尿素的作物一般可提前5~15天成熟（玉米提前5天左右，棉花提前7~10天，番茄提前10~15天），并且可以提高化肥利用率和农作物品质等。

7）微量元素增值尿素。微量元素增值尿素是在熔融的尿素中添加2%的硼砂和1%的硫酸铜的大颗粒尿素。试验表明，含有硼、铜的尿素可

以减少尿素中的氮损失，既能使尿素增效，又能使作物得到硼、铜等微量元素营养，提高产量。硼、铜等微量元素能使尿素增效的机理是：硼砂和硫酸铜有抑制脲酶的作用及抑制硝化和反硝化细菌的作用，从而提高尿素中氮的利用率。

(3) 增值尿素的施用　理论上，增值尿素可以和普通尿素一样应用在所有适合施用尿素的作物上，但是不同的增值尿素其施用时期、施用量、施用方法等是不一样的，施用时需注意以下事项：

1）施用时期。木质素包膜尿素不能和普通尿素一样，只能作为基肥一次性施用。其他增值尿素可以和普通尿素一样，既可以用作基肥，也可以用作追肥。

2）施肥量。增值尿素可以提高氮肥利用率10%~20%，因此，施用量可比普通尿素减少10%~20%。

3）施肥方法。增值尿素不能像普通尿素那样表面撒施，应当采取沟施、穴施等方法，并应适当配合有机肥、普通尿素、磷钾肥及中、微量元素肥料施用。增值尿素不适合作为叶面肥施用，也不适合作为冲施肥及在滴灌或喷灌水肥一体化中施用。

二、新型复混肥料

新型复混肥料是在无机复混肥的基础上添加有机物、微生物、稀土、沸石等填充物而制成的一类复混肥料。

1. 有机无机复混肥料

有机无机复混肥料是以无机原料为基础，填充物采用烘干鸡粪、经过处理的生活垃圾、污水处理厂的污泥及草炭、蘑菇渣、氨基酸、腐殖酸等有机物质，然后经造粒、干燥后包装而成的。

有机无机复混肥料的施用：①用作基肥。旱地宜全耕层深施或条施；水田则先将肥料均匀撒在耕翻前的湿润土面，耕翻入土后灌水，再耕细耙平。②用作种肥。可采用条施或穴施，将肥料施于种子下方3~5厘米，防止烧苗。

温馨提示

有机无机复混肥料综合了有机肥和无机肥的特点，是未来肥料行业的一个重要发展方向，它消除了有机肥料和无机肥料的弱点，将有机肥料和无机肥料各自的优点集中于一个载体，经过分析比较，有机无机复混肥料具有以下突出优势：

（1）养分供应平衡，肥料利用率高　有机无机复混肥料既含有有机成分又含有无机成分，因此它综合了有机肥料与无机肥料的优点。肥料中来源于无机肥料的速效养分在有机肥料的调节下，对作物供养呈现出快而不猛的特点，而来源于有机肥料的缓效性养分又能保证肥料养分持久供应。二者结合使肥料具有缓急相济、均衡稳定的特点，达到了平衡、高效的供肥目的。

（2）改善土壤环境，活化土壤养分　有机无机复混肥料具有养地的功能，因为有机无机复混肥料中含有大量有机质，可以起到改善土壤理化和生物性状的作用。通过这些生物化学作用，可以活化土壤中氮、磷、钾、硼、锌、锰等养分。一方面，有机无机复混肥料可增强土壤中微生物的活性，促进有机质的分解和矿物态磷、钾的有效激活，以及各种养分的均衡释放；另一方面，有机无机复混肥料可在一定程度上调节土壤的 pH，使土壤 pH 处于有利于大多数养分活化的范围。

（3）有机无机复混肥料具有生理调节作用　由于有机无机复混肥料中有机成分中含有大量的生理活性物质，因此，它除了具有供给作物营养的作用外，还具有独特的生理调节作用，可促进作物根的呼吸和养分吸收作用及叶面的光合作用等，为作物的生长发育提供有力保障。

2. 稀土复混肥料

稀土复混肥是将稀土制成固体或液体的调理剂，以加入 0.3%的硝酸稀土的量配入生产复混肥的原料而生产的复混肥料。施用稀土复混肥不仅可以起到叶面喷施稀土的作用，还可以对土壤中一些酶的活性产生影响，对作物的根有一定的促进作用。其施用方法同一般复混肥料。

3. 功能性复混肥料

功能性复混肥料是具有特殊功能的复混肥料的总称，是指适用于某一地域的某种（或某类）特定作物的肥料，或含有某些特定物质、具有某种特定作用的肥料。目前主要是与农药、除草剂等结合的一类专用药肥。

（1）除草专用药肥 除草专用药肥因其生产简单、适用，又能达到高效除草和增加作物产量的目的，故受到农民的欢迎。其不足之处是目前产品种类少，功能过于专一，因此在制定配方时应根据主要作物、土壤肥力、草害情况等综合因素来考虑。

除草专用药肥的作用机理主要有：施用药肥后能有效杀死多种杂草，有除杂草并吸收土壤中养分的作用，使土壤中有限的养分供作物吸收利用，从而使作物增产；有些药肥是以包衣剂的形式存在，客观上造成肥料中的养分缓慢释放，有利于提高肥料的利用率；除草专用药肥在作物生长初期有一定的抑制作用，而后期又有促进作用，还能增强作物的抗逆能力，使作物提高产量；除草专用药肥施用后，在一定时间内能抑制土壤中的氨化细菌和真菌的繁殖，但能使部分固氮菌数量增加，因此降低了氮肥的分解速度，使肥效延长，提高土壤富集氮的能力，从而提高氮肥利用率。

除草专用药肥一般专肥专用，如小麦除草专用药肥不能施用到水稻、玉米等其他作物上。目前一般为基肥剂型，也可以生产追肥剂型。施用量一般按作物正常施用量即可，也可按照产品说明书操作。一般应在作物播种前、插秧前或移栽前施用。

（2）防治线虫和地下害虫的无公害药肥 张洪昌等人研制发明了防治线虫和地下害虫的无公害药肥，并获得国家发明专利。该药肥是选用烟草秸秆及烟草加工下脚料，或辣椒秸秆及辣椒加工下脚料，或菜籽饼，配以尿素、磷酸一铵、钾肥等肥料，并添加氨基酸螯合微量元素肥料、稀土及有关增效剂等生产而成的。

产品中一般氮、磷、钾等总养分含量大于20%，有机质含量大于50%，微量元素含量大于0.9%，腐殖酸及氨基酸含量大于4%，有效活菌数为0.2亿个/克，pH为5~8，水分含量小于20%。该产品能有效消除韭蛆、蒜蛆、黄瓜根结线虫、甘薯根瘤线虫、地老虎、蛴螬等，同时具有抑菌功能，还可促进作物生长，提高品质，增产增收。

该类肥料一般每亩施用量为1.5~6千克。用作基肥时可与生物有机肥或其他基肥拌匀后同施；沟施、穴施时可与20倍以上的生物有机肥混匀后施入，然后覆土浇水；灌根时，可将产品用清水稀释1000~1500倍，灌于作物根部，灌根前将作物基部土壤耙松，使药液充分渗入。也可冲施，将产品用水稀释300倍左右，随灌溉水冲施，每亩施用量为 5~6 千克。

（3）防治枯黄萎病的无公害药肥 该药肥追施剂型是利用含动物胶质蛋白的屠宰场废弃物，豆饼粉、植物提取物、中草药提取物、生物提取物，水解助剂、硫酸钾、磷酸铵、中微量元素，以及添加剂、稳定剂、助剂等加工生产而成的。基施剂型是利用氮肥、重过磷酸钙、磷酸一铵、钾肥、中量元素、氨基酸螯合微量元素、稀土、有机原料、腐殖酸钾、发酵草炭、发酵畜禽粪便、生物制剂、增效剂、助剂、调理剂等加工生产而成的。

利用液体或粉剂产品对棉花、瓜类、茄果类蔬菜等种子进行浸种或拌种后再播种，可彻底消灭种子携带的病原菌，预防病害发生；利用颗粒剂型产品作为基肥，既能为作物提供养分，还能杀灭土壤中的病原菌，减少作物枯黄萎病、根腐病、土传病等危害；在作物生长期施用液体剂型进行叶面喷施，既能增加作物产量，还能预防病害发生；施用粉剂或颗粒剂产品作为追肥，既能快速补充作物营养，还能防治枯黄萎病、根腐病等病害；当作物发生病害后，在发病初期用液体剂型产品进行叶面喷施并同时灌根，3 天左右可抑制病害蔓延，4~6 天后病株可长出新根、新芽。

该药肥追施剂型主要用于叶面喷施或灌根。叶面喷施是将产品用水稀释 800~2000 倍，喷雾至株叶湿润；同时灌根，每株 200~500 毫升。

该药肥基施剂型一般每亩施用量为 2~5 千克。用作基肥时可与生物有机肥或其他基肥拌匀后同施。沟施、穴施时可与 20 倍以上的生物有机肥混匀后施入，然后覆土浇水。

（4）生态环保复合药肥 该药肥是选用多种有机物料为原料，经酵素菌发酵或活化处理，配入以腐殖酸为载体的综合有益生物菌剂，再添加适量的氮、磷、钾、钙、镁、硫、硅肥及微量元素、稀土等而生产的产品。一般含氮、磷、钾总养分含量在 25%以上，中、微量元素总含量在 10%以上，有机质含量在 20%以上，氨基酸及腐殖酸总含量在 6%以上，有效活菌数达 0.2 亿个/克，pH 为 5.5~8。

该产品适用于蔬菜、瓜类、果树、棉花、花生、烟草、茶树、小麦、大豆、玉米、水稻等作物。可用作基肥，也可穴施、条施、沟施，可与有机肥混合施用。一般每亩施用量为 50~70 千克。果树根据树龄施用，一般每株 3~7 千克，可与有机肥混合施用。

身边案例

药肥有哪些优点？

（1）省钱，环保　我们目前使用的复混肥，即使是18-18-18，在生产过程都有接近3%～5%的填料（没有肥效的东西）。而这3%～5%的填料用农药取代，可以带来以下好处：

1）可以节省农药的包装物、填料，也可以节省农药与肥料的重复运输，对农民来说，可以省钱。

2）由于很多农药的助剂多为二甲苯、石粉等，这些对环境有污染，而药肥可以大大减少助剂的用量，对环境的污染大大减少。

（2）节省人工　农药在实际使用中，往往是将其加土或与沙混合，再与复混肥（或尿素）混合。在混合过程要找土或沙，一些农田旁边不一定有合适的干燥的土，农民需到较远的地方去取，这样会带来很大麻烦。

（3）提升农药和肥料的使用效果　在实际使用过程中，农药的用量一般很少，如将30～50克农药与2千克干土混合，再与10～20千克肥料混合，这样做往往无法把农药和肥料混合均匀，而且一些农药在与肥料混合中会发生化学反应而分解，极易造成药害，尤其是除草剂，造成的后果更是严重。

（4）减少中毒机会　有些农药的毒性很高，农民在混合过程缺少必要的防护知识，经常发生中毒现象，而工业化的药肥已把农药与肥料有机结合在一起，加工后的毒性大大减弱。

（5）增效效果好　由于农民使用传统方法，不会考虑加入中、微量元素，而药肥中一般会针对地区和作物加入一些中、微量元素，有些还可以加入一些害虫的引诱剂、稳定剂等成分，确保农药和肥料的效果。

第六节　水溶性肥料

近年来，随着我国节水农业和水肥一体化技术的发展，新型水溶性肥料逐渐得到重视，2015年农业部印发的《到2020年化肥使用量零增长行动方案》提出水肥一体化技术推广面积达到1.5亿亩，增加8000万亩，使得水溶性肥料的发展前景广阔。水溶性肥料可以概括为：一种可完全、迅速溶解于水的单质化学肥料、多元复合肥料、功能性有机水溶性肥料，具有被作物吸收，可用于灌溉施肥、叶面施肥、无土栽培、浸种灌根等特点。

一、水溶性肥料的类型

水溶性肥料是我国目前大量推广应用的一类新型肥料，多为通过叶面喷施或随灌溉施入的一类水溶性肥料，可分为营养型水溶性肥料、功能型水溶性肥料和其他类型的水溶性肥料。

1. 营养型水溶性肥料

营养型水溶性肥料包括微量元素水溶肥料、大量元素水溶肥料、中量元素水溶肥料等。

（1）微量元素水溶肥料 微量元素水溶肥料是由铜、铁、锰、锌、硼、钼微量元素按照所需比例制成的或单一微量元素制成的液体或固体水溶性肥料。产品标准为 NY 1428—2010《微量元素水溶肥料》。外观要求为：均匀的液体；均匀、松散的固体。微量元素水溶肥料产品技术指标应符合表 2-10 中的要求。

表 2-10 微量元素水溶肥料产品技术指标

项目	固体指标	液体指标
微量元素含量	≥10.0 %	≥100 克/升
水不溶物含量	≤5.0 %	≤50 克/升
pH（250 倍稀释）	3.0~10.0	
水分（H_2O）含量	≤6.0 %	—

注：微量元素含量是指铜、铁、锰、锌、硼、钼元素含量之和。产品应至少包含一种微量元素。含量不低于 0.05%（0.5 克/升）的单一微量元素均应计入微量元素含量中。钼元素含量不高于 1.0%（10 克/升）（单质含钼微量元素产品除外）。

（2）大量元素水溶肥料 大量元素水溶肥料是以氮、磷、钾大量元素为主，按照适合作物生长所需比例，添加铜、铁、锰、锌、硼、钼等微量元素或钙、镁中量元素制成的液体或固体水溶性肥料。执行标准为 NY 1107—2010《大量元素水溶肥料》。大量元素水溶肥料主要有以下两种类型：

1）大量元素水溶肥料（中量元素型）。该类型肥料分固体和液体两

种剂型，产品技术指标应符合表2-11中的要求。

表2-11 大量元素水溶肥料（中量元素型）产品技术指标

项目	固体指标	液体指标
大量元素含量①	≥50.0 %	≥500 克/升
中量元素含量②	≥1.0%	≥10 克/升
水不溶物含量	≤5.0%	≤50 克/升
pH（250倍稀释）	3.0~9.0	
水分（H_2O）含量	≤3.0%	—

① 大量元素含量是指氮（N）、磷（P_2O_5）、钾（K_2O）含量之和。产品应至少包含两种大量元素。单一大量元素含量不低于4.0%（40克/升）。

② 中量元素含量是指钙、镁元素含量之和。产品应至少包含一种中量元素。含量不低于0.1%（1克/升）的单一中量元素均应计入中量元素含量中。

2）大量元素水溶肥料（微量元素型）。该类型肥料分固体和液体两种剂型，产品技术指标应符合表2-12中的要求。

表2-12 大量元素水溶肥料（微量元素型）产品技术指标

项目	固体指标	液体指标
大量元素含量①	≥50.0%	≥500 克/升
微量元素含量②	0.2%~3.0%	2~30 克/升
水不溶物含量	≤5.0%	≤50 克/升
pH（250倍稀释）	3.0~9.0	
水分（H_2O）含量	≤3.0 %	—

① 大量元素含量是指氮（N）、磷（P_2O_5）、钾（K_2O）含量之和。产品应至少包含两种大量元素。单一大量元素含量不低于4.0%（40克/升）。

② 微量元素含量是指铜、铁、锰、锌、硼、钼元素含量之和。产品应至少包含一种微量元素。含量不低于0.05%（0.5克/升）的单一微量元素均应计入微量元素含量中。钼元素含量不高于0.5%（5克/升）

（3）中量元素水溶肥料 中量元素水溶肥料是以钙、镁中量元素为主要成分的液体或固体水溶性肥料。执行标准为NY 2266—2012《中量元素水溶肥料》。中量元素水溶肥料产品技术指标应符合表2-13中的要求。

表2-13 中量元素水溶肥料产品技术指标

项目	固体指标	液体指标
中量元素含量	≥10.0%	≥100克/升
水不溶物含量	≤5.0%	≤50克/升
pH（250倍稀释）	3.0~9.0	
水分（H_2O）含量	≤3.0 %	—

注：中量元素含量是指钙含量、镁含量，或钙、镁含量之和。含量不低于1.0%（10克/升）的钙或镁元素均应计入中量元素含量中。硫含量不计入中量元素含量，仅在标识中标注。

2. 功能型水溶性肥料

功能型水溶性肥料包括含氨基酸水溶肥料、含腐殖酸水溶肥料、有机水溶肥料等。

（1）含氨基酸水溶肥料 含氨基酸水溶肥料是以游离氨基酸为主体，按适合作物生长所需比例，添加适量钙、镁中量元素或铜、铁、锰、锌、硼、钼微量元素而制成的液体或固体水溶肥料。含氨基酸水溶肥料分中量元素型和微量元素型两种类型。产品执行标准为NY 1429—2010《含氨基酸水溶肥料》。

1）含氨基酸水溶肥料（中量元素型）。该类型肥料分固体和液体两种剂型，产品技术指标应符合表2-14中的要求。

表2-14 含氨基酸水溶肥料（中量元素型）产品技术指标

项目	固体指标	液体指标
游离氨基酸含量	≥10.0%	≥100克/升
中量元素含量	≥3.0%	≥30克/升
水不溶物含量	≤5.0%	≤50克/升
pH（250倍稀释）	3.0~9.0	
水分（H_2O）含量	≤4.0%	—

注：中量元素含量是指钙、镁元素含量之和。产品应至少包含一种中量元素。含量不低于0.1%（1克/升）的单一中量元素均应计入中量元素含量中。

2）含氨基酸水溶肥料（微量元素型）。该类型肥料分固体和液体两种剂型，产品技术指标应符合表 2-15 中的要求。

表 2-15　含氨基酸水溶肥料（微量元素型）产品技术指标

项目	固体指标	液体指标
游离氨基酸含量	≥10.0%	≥100 克/升
微量元素含量	≥2.0%	≥20 克/升
水不溶物含量	≤5.0%	≤50 克/升
pH（250 倍稀释）	3.0~9.0	
水分（H_2O）含量	≤4.0%	—

注：微量元素含量是指铜、铁、锰、锌、硼、钼元素含量之和。产品应至少包含一种微量元素。含量不低于 0.05%（0.5 克/L）的单一微量元素均应计入微量元素含量中。钼元素含量不高于 0.5%（5 克/升）。

（2）含腐殖酸水溶肥料　含腐殖酸水溶肥料是将适合作物生长所需比例的腐殖酸，添加适量比例的氮、磷、钾大量元素或铜、铁、锰、锌、硼、钼微量元素而制成的液体或固体水溶肥料。含腐殖酸水溶肥料分大量元素型和微量元素型两种类型。产品执行标准为 NY 1106—2010《含腐殖酸水溶肥料》。

1）含腐殖酸水溶肥料（大量元素型）。该类型肥料分固体和液体两种剂型，产品技术指标应符合表 2-16 中的要求。

表 2-16　含腐殖酸水溶肥料（大量元素型）产品技术指标

项目	固体指标	液体指标
游离腐殖酸含量	≥3.0%	≥30 克/升
大量元素含量	≥20.0%	≥200 克/升
水不溶物含量	≤5.0%	≤50 克/升
pH（250 倍稀释）	4.0~10.0	
水分（H_2O）含量	≤5.0%	—

注：大量元素含量是指氮（N）、磷（P_2O_5）、钾（K_2O）含量之和。产品应至少包含两种大量元素。单一大量元素含量不低于 2.0%（20 克/升）。

2）含腐殖酸水溶肥料（微量元素型）。该类型肥料只有固体剂型，产品技术指标应符合表2-17中的要求。

表2-17　含腐殖酸水溶肥料（微量元素型）产品技术指标

项目	指标
游离腐殖酸含量	≥3.0%
微量元素含量	≥6.0%
水不溶物含量	≤5.0%
pH（250倍稀释）	4.0~10.0
水分（H_2O）含量	≤5.0%

注：微量元素含量是指铜、铁、锰、锌、硼、钼元素含量之和。产品应至少包含一种微量元素。含量不低于0.05%的单一微量元素均应计入微量元素含量中。钼元素含量不高于0.5%。

（3）有机水溶肥料　有机水溶肥料是采用有机废弃物原料经过处理后提取有机水溶原料，再与氮、磷、钾大量元素及钙、镁、锌、硼等中、微量元素复配，研制生产的全水溶、高浓缩、多功能、全营养的增效型水溶性肥料产品。目前农业农村部还没有统一的登记标准，其活性有机物质一般包括腐殖酸、黄腐酸、氨基酸、海藻酸、甲壳素等。目前，农业农村部登记有100多个品种，有机质含量均为20~500克/升，水不溶物小于20克/升。

3. 其他类型的水溶性肥料

除上述营养型、功能型水溶性肥料外，还有一些其他类型的水溶性肥料。

（1）糖醇螯合水溶肥料　糖醇螯合水溶肥料是以作物对矿质养分的需求特点和规律为依据，用糖醇复合体生产出含有镁、硼、锰、铁、锌、铜等微量元素的液体肥料，除了这些矿质养分对作物的产量和品质的营养功能外，糖醇物质对于作物的生长也有很好的促进作用：①补充的微量元素可促进作物生长，提高果实等产品的感官品质和含糖量等。②作物在盐害、干旱、洪涝等逆境胁迫下，糖醇可通过调节细胞渗透性使作物适应逆境生长，提高抗逆性。③细胞内产生的糖醇，可以提高对活性氧的抗性，避免由于紫外线、干旱、病害、缺氧等原因造成的活性氧损伤。由于糖醇

螯合液体肥料产品具有养分高效吸收和运输的优势，即使在使用浓度较低的情况下，非常高的养分吸收效率也能完全满足作物的需求，其增产的效果甚至超过同类高浓度叶面肥产品。

（2）肥药型水溶肥料　在水溶性肥料中，除了营养元素，还会加入一定数量不同种类的农药和除草剂等，不仅可以促进作物生长发育，还具有防治病虫害和除草功能。肥药型水溶肥料是一类农药和肥料相结合的肥料，通常可分为除草专用肥、除虫专用肥、杀菌专用肥等。但作物对营养调节的需求与病虫害的发生不一定同时，因此在开发和使用药肥时，应根据作物的生长发育特点，综合考虑不同作物的耐药性及病虫害的发生规律、习性、气候条件等因素，尽量避免药害。

（3）木醋液（或竹醋液）水溶肥料　近年来，市场上还出现以木炭或竹炭生产过程中产生的木醋液或竹醋液为原料，添加营养元素而成的水溶性肥料。在树木或竹材烧炭过程中，收集高温分解产生的气体，常温冷却后得到的液体物质即为原液。木醋液中含有钾、钙、镁、锌、锰、铁等矿物质，此外还含有维生素 B_1 和维生素 B_2。竹醋液中含有近 300 种天然有机化合物，有有机酸类、酚类、醇类、酮类、醛类、酯类及微量的碱性成分等。木醋液和竹醋液最早在日本得到应用，使用较广泛，也有相关的生产标准。在我国这方面的研究起步较晚，两者的生产还没有国家标准，但是相关产品已经投放市场。据试验研究，木醋液不仅能提高水稻的产量，还可以提高水稻抗病虫害的能力。

（4）稀土型水溶肥料　稀土元素是指化学周期表中镧系的 14 个元素和化学性质相似的钪与钇。农用稀土元素通常是指其中的镧、铈、钕、镨等有放射性，但放射性较弱，造成污染的可能性很小的轻稀土元素。最常用的是铈硝酸稀土，我国从 20 世纪 70 年代就已经开始研究和使用，其在作物生理中的作用还不够清楚，现在只知道在某些作物或果树上施用稀土元素后，有增大叶面积、增加干物质重、提高叶绿素含量、提高含糖量、降低含酸量的效果。由于它的生理作用和有效施用条件还不很清楚，一般认为是在作物不缺大、中、微量元素的条件下才能发挥出效果来。

（5）有益元素类水溶肥料　近年来，部分含有硒、钴等元素的叶面肥料得以开发和应用，而且施用效果很好。此类元素不是所有作物必需的养分元素，只是为某些作物生长发育所必需或有益的。受其原料毒性及高成本的限制，此类肥料应用较少。

二、水溶性肥料的科学施用

水溶性肥料不但配方多样，而且使用方法十分灵活，一般有以下3种：

1. 灌溉施肥或土壤浇灌

通过土壤浇水或者灌溉的时候，先行混合在灌溉水中，这样可以让作物根部全面地接触到肥料，通过根的呼吸作物把营养元素运输到作物的各个组织中。

将水溶性肥料与节水灌溉相结合进行施肥，即灌溉施肥或水肥一体化，水肥同施，以水带肥，让作物根系同时全面接触水肥，可以节水节肥、节约劳动力。灌溉施肥或水肥一体化适合极度缺水地区、规模化种植的农场，以及用在高品质、高附加值的作物上，是今后现代农业技术发展的重要措施之一。

水溶性肥料随同滴灌、喷灌施用，是目前生产中最为常见的方法。施用时应注意以下事项：

（1）掐头去尾 先滴清水，等管道充满水后加入肥料，以避免前段无肥；施肥结束后立刻滴清水 20~30 分钟，将管道中残留的肥液全部排出（可用电导率仪监测是否彻底排出）；如果不洗管，可能会在滴头处生长青苔、藻类等低等植物或微生物，堵塞滴头，损坏设备。

（2）防止地表盐分积累 大棚或温室长期用滴灌施肥，会造成地表盐分累积，影响根系生长。采用膜下滴灌，可抑制盐分向表层迁移。

（3）做到均匀 注意施肥的均匀性，滴灌施肥的原则是施肥越慢越好，特别是对在土壤中移动性差的元素（如磷），延长施肥时间，可以极大地提高难移动养分的利用率。在旱季进行滴灌施肥，建议在 2~3 小时完成。在土壤不缺水的情况下，以及保证均匀度的前提下，施肥越快越好。

（4）避免过量灌溉 以施肥为主要目的灌溉时，达到根层深度湿润即可。不同的作物，根层深度差异很大，可以用铲随时挖开土壤了解根层的具体深度。过量灌溉不仅浪费水，还会使养分渗析到根层以下，作物不能吸收，浪费肥料；特别是尿素、硝态氮肥（如硝酸钾、硝酸铵钙、硝基磷肥及含有硝态氮的水溶性肥料）极容易随水流失。

（5）配合施用 水溶性肥料为速效肥料，只能作为追肥施用，特别

是在常规的农业生产中，水溶性肥料是不能替代其他常规肥料的。因此，在农业生产中绝不能采取用以水溶性肥料替代其他肥料的做法，要做到基肥与追肥相结合、有机肥料与无机肥料相结合，水溶性肥料与常规肥料相结合，以便降低成本，发挥各种肥料的优势。

（6）安全施用，防止烧伤叶片和根系　水溶性肥料若施用不当，特别是采取随同喷灌和微喷一同施用时，极容易出现烧叶、烧根的现象。其根本原因就是肥料溶度过高。因此，在调配肥料时，要严格按照说明书的浓度进行。但是，由于不同地区的水源盐分不同，同样的浓度在个别地区也会发生烧伤叶片和根系的现象。生产中最保险的办法，就是进行肥料浓度试验，找到本地区适宜的肥料浓度。

2. 叶面施肥

把水溶性肥料先行稀释溶解于水中再进行叶面喷施，或者与非碱性农药一起溶于水中再进行叶面喷施，通过叶面气孔进入植株内部。当一些幼嫩的作物或者根系不太好的作物出现缺素症状时，叶面施肥是一个纠正缺素症的最佳选择，可以极大地提高肥料吸收利用效率，节省作物营养元素在作物内部的运输过程。叶面喷施应注意以下几点：

（1）喷施浓度　喷施浓度以既不伤害作物叶面，又可节省肥料，提高功效为原则。一般可参考肥料包装上的推荐浓度。一般每亩喷施40~50千克溶液。

（2）喷施时期　喷施时期多数在生长前期、花蕾期和生长盛期。溶液湿润叶面时间要求能维持0.5~1小时，傍晚无风时进行喷施较适宜。

（3）喷施部位　应重点喷洒上、中部叶片，尤其是多喷洒叶片反面。若为果树，则应重点喷洒新梢和上部叶片。

（4）增添助剂　为提高肥液在叶片上的黏附力，延长肥液湿润叶片时间，可在肥料溶液中加入助剂（如中性洗衣粉、肥皂粉等），提高肥料利用率。

（5）混合喷施　为提高喷施效果，可将多种水溶性肥料混合或肥料与农药混合喷施，但应注意营养元素之间的关系、肥料与农药之间是否有害。

3. 无土栽培

在一些沙漠地区或者极度缺水的地方，人们往往用滴灌和无土栽培技术来节约灌溉水并提高劳动生产效率。这时作物所需要的营养可以通过水溶性肥料来获得，即节约了用水，又节省了劳动力。

温馨提示

我国水溶性肥料市场迎来功能化大时代

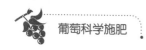

（1）功能化细分，引领水肥一体新发展　当前水溶性肥料市场已由原来的小品种肥料演变成为一个大市场需求，为此专家认为水溶性肥料的大市场需要杜绝产品的同质化，现代农业、智慧农业、设施农业强势袭来，水溶性肥料由增产增收、省工省力的一般特性步入功能细分行列。功能化、差异化的竞争成为水溶性肥料企业不得不面对的一个课题。据有关资料表明：2015 年我国农业部农肥登记号数量为 2134 个，而当年水溶性肥料登记证数量为 2025 个；截至 2024 年 3 月底，水溶性肥料登记数量达 10377 个、备案水溶性肥料 251855 个，共计 262232 个。水溶性肥料近 10 年登记数量大增，直接反映我国水溶性肥料产业的高速增长。由此可见，水溶性肥料的大市场要避免同质化，企业的产品要形成差异化竞争，特别是要瞄准作物的精准施肥，使水溶性肥料步入功能细分行列。青岛农业大学教授李俊良认为水溶性肥料的这种功能细分主要体现在 4 个方面：从单纯营养型向功能型发展；从常规营养释放形态向缓、控释形态发展；从无机肥料向有机生化替代型发展；由普通营养型向免疫增强型发展。

（2）差异化竞争，撬动产品与市场对接　国内水溶性肥料行业目前存在缺少核心推广平台、产品档次低、服务不到位、缺乏标准规范等问题，通过提升和细化肥料功能来实现减肥增效的目标，是解决水肥发展矛盾的重要举措。为了更好地实现市场和终端需求的对接，我国发布了《中国水溶肥推广模式影响力白皮书》《中国水溶肥媒体行业报告》。中国农资传媒联合中国农业科学院历时一年倾心打造的《中国水溶肥推广模式影响力白皮书》，借助自 2010 年以来举办八届水溶肥会议的专家和企业资源，聚焦水溶性肥料产品的资源、原料、市场、产品、品牌等优势，针对套餐型、加肥站型、设施型、贸易分销型等营销方式，提炼企业融入战略规划、营销布局所打造的推广模式，撬动产品与市场“最后一公里”的对接，为企业和农户提供了一份翔实、客观、规范的权威参考。

（3）企业同台竞技，扬长避短相互借势　随着水溶性肥料市场发展的不断壮大，瞄准作物需求精准施肥的高端的水溶性肥料企业不再

享受过去的蓝海战术。中国农资传媒认为，无论是拥有资金和技术优势的大量元素复混型企业，还是品牌知名度较高的高端水溶性肥料企业，面临当前的市场竞争都应该发挥企业自身的资源优势、技术优势、国际化经验优势及生产规模优势，在未来能够给水溶性肥料市场带来更创新的产品和更优质的服务。水溶性肥料市场正朝着众多企业的相互竞争、相互借势的方向发展，如此水溶性肥料市场的发展才能越来越壮大。在水溶性肥料的大市场中，企业应站在同一起跑线上竞争，各自发挥特色的创新产品和营销模式，通过不同的技术产品带来相应的市场销量，这是未来市场有序发展的方向。

第三章

葡萄的合理施肥

合理施肥，不仅能源源不断地为葡萄提供和补充营养，而且可调节各营养元素间的平衡，使各种营养元素作用得到最大限度发挥，保证葡萄高产、稳产、优质、低耗和减少环境污染。

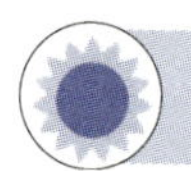

第一节　葡萄合理施肥原理

葡萄合理施肥涉及土壤、肥料和环境条件，在遵循一般施肥理论的同时又有新的发展。依据的基本原理主要有养分归还学说、最小养分律、报酬递减律、因子综合作用律、必需营养元素同等重要和不可代替律等。

一、养分归还学说

养分归还学说是德国化学家李比希提出的，他认为："作物从土壤中吸收养分，每次收获必从土壤中带走某些养分，使土壤中养分减少，土壤贫瘠，要维持地力和作物产量，就要归还作物带走的养分。"

该理论应用在葡萄树上就是：葡萄树随着每年果实的采摘、根系生长、茎干加粗及梢叶生长，必须不断从土壤中吸取大量养分，导致土壤中养分的损耗。如果长时间不归还这些养分，就会使土壤变得越来越瘠薄。为了恢复和保持土壤肥力，必须对土壤养分进行补偿，但要根据土壤和根系吸收特性进行养分的补充。

二、最小养分律

最小养分律也是德国化学家李比希提出的，他认为："作物产量受土壤中相对含量最小的养分所控制，作物产量的高低则随最小养分补充量的多少而变化。"作物为了生长发育需要吸收各种养分，但是决定产量的却

是土壤中那个相对含量最小的养分因素，产量也在一定限度内随着这个因素的增减而相对地变化，如果无视这个限制因素的存在，即使继续增加其他营养成分也难以再提高作物产量。

该理论应用在葡萄树上就是：虽然葡萄树生长发育需要从土壤中吸收各种养分，但决定葡萄产量高低的是土壤中那个相对含量最小的养分，称为最小养分。只有增加这个最小养分的数量，产量才能提高。因此，为葡萄树施肥首先应补充土壤中最缺乏的养分，避免盲目施肥，要做到经济施肥。但还应注意：①决定产量的最小养分不是指土壤中绝对养分含量最小的养分，而是相对于葡萄树吸收需要量来说含量最少的养分。②最小养分不是固定不变的，而是随条件变化而变化的。当土壤中某种最小养分增加到能够满足葡萄树需要时，这种养分就不再是最小养分了，另一种元素又会成为新的最小养分。③增加最小养分以外的其他养分含量，不但不能提高产量，而且还会降低施肥的效益。总之，最小养分律指出了葡萄产量与养分供应上的矛盾，表明了施肥应有针对性。就是说，要因地制宜地、有针对性地选择肥料种类，缺什么养分，施什么肥料。

三、报酬递减律

报酬递减律原本是一个经济定律，是由欧洲经济学家杜尔歌和安德森同时提出来的。该定律的一般表述是：“从一定土壤上所得到的报酬随着向该土地投入的劳动资本量的增大而有所增加，但报酬的增加却在逐渐减小，即最初的劳动力和投资所得到的报酬最高，以后递增的单位投资和劳动力所得到的报酬是渐次递减的。”科学试验进一步证明，当施肥量（特别是氮）超过适量时，作物产量与施肥量之间的关系就不再是曲线模式，而呈抛物线模式。

该理论应用在葡萄上就是：报酬递减律是以其他技术条件不变（相对稳定）为前提，反映了投入（施肥）与产出（产量）之间具有报酬递减的关系。在其他技术条件相对稳定的前提下，随着施肥量的逐渐增加，葡萄产量逐渐提高。但施肥所增加的产量，开始是递增的，后来却随施肥量的增加而呈现递减现象。某种肥料养分的效果，以在土壤中该种养分越不足时效果越大，若继续增加该养分的施用量，增产逐渐减少。因此，在葡萄施肥实践中，应不断研究和应用新技术，促进生产条件的改进，发挥肥料的最大经济效益，达到增产增收目的。

四、因子综合作用律

因子综合作用律的中心意思是：作物产量是水分、养分、光照、温度、空气、品种，以及耕作条件、栽培措施等因子综合作用的结果，但其中必有一个起主导作用的限制因子，产量在一定程度上受该限制因子的制约。为了充分发挥肥料的增产作用和提高肥料的经济效益，一方面，施肥措施必须与其他农业技术措施密切配合；另一方面，各种养分之间要配合施用，使养分平衡供应。

该理论应用到葡萄上就是：葡萄的产量是水分、养分、光照、温度、空气、品种，以及耕作条件、栽培措施等因子综合作用的结果，但其中必定有一个因子起主导，为限制因子（可能是养分，也可能是水分等其他因子），产量受这个限制因子制约。因此，要使葡萄增产，就要使各因子之间有很好的配合，若某一因子和其他因子的配合失去平衡，就会阻碍葡萄树的生长，导致产量下降。总之，在制定施肥方案时，利用因子之间的相互作用效应（包括养分之间及施肥与生产技术措施如灌溉、良种、防治病虫害等之间的相互作用效应）是提高农业生产水平的一项有效措施，也是经济合理施肥的重要原理之一。发挥因子的综合作用具有在不增加施肥量的前提下，提高肥料利用率、增进肥效的显著特点。

五、必需营养元素同等重要和不可代替律

大量试验证实，各种必需营养元素对于葡萄所起的作用是同等重要的，它们各自所起的作用，不能被其他元素所代替。这是因为每一种元素在作物新陈代谢的过程中都各有独特的功能和生化作用。例如：葡萄树缺氮，叶片失绿；缺铁时，叶片也失绿。氮是叶绿素的主要成分，而铁不是叶绿素的成分，但铁对叶绿素的形成同样是必需的元素。没有氮不能形成叶绿素，没有铁同样不能形成叶绿素。所以，铁和氮对葡萄树的营养需要来说都是同等重要的。

第二节　葡萄施肥中存在的主要问题

据杨治元对全国 15 个省（自治区、直辖市）67 个葡萄园 23 个葡萄品种的施肥情况调查，葡萄施肥中存在的主要问题有：普遍存在着施肥

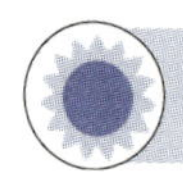

量、施肥时期、施肥方法不够科学合理，导致树体生长不够稳健，肥料利用率不高，用肥成本增加并污染环境。

一、施肥过量

葡萄施肥过量主要表现在：

1. 周年施肥过量

根据对浙江省嘉兴市秀洲区王店镇一个葡萄园的调查：种植品种为醉金香，面积为 17 亩，葡萄为 3 年树龄，每亩产量为 905 千克；一年用肥量为鸡粪 2000 千克、饼肥 125 千克、尿素 80 千克、三元复合肥 100 千克、过磷酸钙 50 千克、硫酸钾 30 千克，折纯氮 90.1 千克、五氧化二磷 54.9 千克、氧化钾 48.2 千克。

2. 单肥种施用超量

根据对浙江省嘉兴市醉金香无核化栽培葡萄园的调查，氮磷钾复合肥用量多超过 200 千克/亩。浙江省嘉兴市南湖区凤桥镇一个葡萄园的藤稔葡萄连续 3 年施鸡粪 5 吨，挖根调查发现葡萄基本没有长出新根。上海市金山区金山卫镇一个葡萄园品种为藤稔、无核白鸡心，每亩施过磷酸钙 300 千克，单肥种施用过量。

3. 单次施肥过量

浙江省嘉兴市不少葡萄园每亩一次性施氮磷钾复合肥 50 千克和硫酸钾 40 千克。浙江台州市椒江区一个葡萄园，品种为藤稔，长势偏弱，本想使树势长得好些，就在雨后一次性施尿素 40 千克/亩，结果适得其反，有的树因受肥害而死亡。

4. 施用高浓度叶面肥

四川省成都市龙泉驿区的一个葡萄园，叶面喷施 1%的硫酸亚铁溶液，超过正常使用浓度的 3~4 倍，叶片严重受害。湖南省岳阳市一个葡萄园，种植红地球、美人指品种，叶面喷施稀土叶面肥，由于浓度过高，叶片产生严重肥害。

5. 不分品种需肥特性采用相同的施肥量

有些葡萄园种植若干品种，基本采用相同的用肥量。主要存在：①不分品种需肥特性施肥。葡萄品种可分为耐肥品种、中肥品种和控肥控氮品种，施用的肥料品种和数量也不尽相同。②不分品种坐果特性施肥。对坐果差的巨峰、峰后、信侬乐、先锋 1 号等品种与坐果好的品种采用相同的施肥量，使易落果的品种年年坐果不好。③不分砧木长势特性施肥。生产上普遍不考虑砧木长势（强势、中等、弱势），仅根据接穗品种施肥，导致强势砧木品种长势更旺，影响坐果，诱发病害，果品质量下降。④不分无核果是否易产生的特性施肥。花前树势长得好易导致无核果的甬优1号等品种，与不易产生无核果的藤稔等品种施肥量相同，结果导致施肥量过多产生无核小果，降低经济效益。

6. 不同栽培方式的施肥量相同

目前，设施栽培覆膜园土不受雨淋，肥料流失少；先促成后避雨栽培，封膜促成阶段棚温提高，土温也相应提高，有利于土壤微生物繁殖，有利于提高肥料利用率。因此，相同品种设施栽培比露地栽培施肥量应减少10%~20%。

过量施肥害处很多，主要表现在：土壤溶液浓度过高，引起肥害伤根；肥料利用率降低；污染环境；树体生长不协调，病害加重，果品质量下降；矿质营养元素之间产生拮抗作用，降低肥效。

二、施肥时期不合理

葡萄施肥时期不合理主要表现在：

1. 氮肥、钾肥秋冬基施

浙江台州、嘉兴南湖、湖南岳阳、湖北潜江等地区一些葡萄园，晚秋初冬施基肥时配施尿素、三元复合肥、硫酸钾。例如，湖南岳阳市一葡萄园，10月7日、10月21日每亩施尿素30千克、硫酸钾25千克；浙江嘉兴秀洲区油车港镇一葡萄园10月每亩施三元复合肥25千克。不少葡萄园硼砂、硼锌肥、硫酸镁等也与基肥一起于晚秋初冬施用。因为此时气温降低，根系第三个生长高峰已过，根系生长减弱，吸收养分减少，此时施的速效肥料要到第二年新梢生长期才能吸收，施肥时期至第二年根系吸收期间隔4~5个月，南方地区多雨就会造成养分损失。

2. 基肥春施

广西兴安县避雨栽培葡萄面积达3200公顷，当地葡萄园基肥以春施为主，造成新梢徒长，叶片薄而大。2~3月施基肥时尚未覆膜，土壤水分充足，升温快，有机肥料分解加快，葡萄根系吸收大量养分，引起徒长。另外，春施基肥会使萌芽期根部受到损伤，在短时间内难以愈合，有机肥料分解产生一些有害物质，使根部腐烂，新根少，吸收养分受阻，造成花序小，带卷须花序比例大。

3. 畜禽肥夏施

浙江嘉兴南湖区凤桥镇一葡萄园于5月底~6月上旬将腐熟鸡粪1500千克作为膨果肥施用，导致葡萄成熟期推迟，着色困难。浙江海盐县一种植藤稔品种的葡萄园，用新鲜羊厩肥1000千克铺在葡萄园里，施肥后恰遇到下大雨，导致严重伤根，死掉10%的树。

4. 施肥时期不按品种特性选择

坐果较差的巨峰、易产生无核果的甬优1号等品种，应控制基肥用量，催芽肥不宜施氮素化肥和含氮复合肥。不少葡萄园按常规品种施肥时期施肥，不控制基肥用量，照施催芽肥，导致这些品种落花落果严重，果穗不完整；易产生无核果的品种产生大量无核小果，有的果穗无核小果多，有的核大果小，失去商品价值。

5. 基肥施用偏早

浙江嘉兴地区、上海松江地区有些葡萄园在9月上中旬施基肥，施肥时开较深的沟或面施翻土，伤根较多，施肥后叶片提前黄化落叶。

6. 采果肥施用推迟

采果肥的作用是使树体恢复，减缓秋叶提前黄化，早、中熟品种采收后应适时施用采果肥，晚熟品种一般不必施用采果肥。而浙江嘉兴南湖区一果园，8月中旬葡萄已出售完毕，于8月下旬、9月中旬、10月中旬分3次施采果肥，每次施尿素7.5千克/亩，后2次共施尿素15千克/亩，施肥太晚，没有必要。

7. 果实着色期施氮肥过多

有些挂果较多的葡萄园果实已进入着色期，但果农还施较多的含氮复合肥或尿素，导致果实着色较难，成熟期推迟，糖度下降，易裂果的藤稔品种加重裂果，诱发果实白腐病。

施肥时期掌握不好，不仅浪费大量肥料，使肥料利用率下降，造成环境污染；施用不当还会导致肥害伤根，有些品种加重落果，增加无核果；有些品种加重裂果，并诱发病害，成熟期推迟，果实着色较难，品质下降。

三、施肥方法不合理

葡萄施肥方法不合理主要表现在：

1. 追肥撒施

实际施肥时，有些果农为了方便，常采取追肥面施、化肥撒施、沟水浇施等简便方法。其实将化肥撒施在畦面，浇水时有的化肥被冲淋到畦沟中，有的复合肥难溶解，不少颗粒留在畦面上，风吹、日晒、雨淋，造成不少养分流失和挥发损失。

2. 肥料穴施

一株树旁开一个穴，多的也只开两个穴，施肥点集中，穴内的土壤溶液浓度很容易超过5000毫升/升，影响根系吸收养分，还会导致伤根，使肥料利用率明显下降。

3. 磷肥土施

磷素化肥直接土施，与土粒接触面很广，极易被土壤中的磷酸铁铝固定，葡萄根系无法吸收养分，使磷肥的利用率下降。

4. 畜禽粪不入土

有的葡萄园将畜禽粪直接铺在畦面上，不翻入土中，任其被风吹、日晒、雨淋，造成肥料的损失较大。

四、有机肥施用量严重不足

绿色健康葡萄生产技术规定，有机氮与无机氮的比例为1∶1。但很多葡萄产区种植面积扩大，粪肥资源较少，导致有机肥不施或少施。长期大量施用化肥，会使土壤板结，土质变差，土壤中的有机质含量、微生物活性、腐殖酸含量降低，致使化肥的利用率降低。长期仅施用化肥，不施或只施用少量的有机肥，会导致果实的品质越来越差、果实着色变差、果肉风味变淡、生理病害普遍发生，果实贮藏性下降，优果率降低。

温馨提示

葡萄施肥的八种误区

（1）新栽树施肥过早或过浅　新栽葡萄树，一般要到卷须长出时才有新根长出来。在新根长出前施过多的肥料，一方面造成苗木根系吸水困难，另一方面让新根难以生长，遇到高温天气，则地上部分干枯死亡。注意：新根刚长出时，也不适宜用过高浓度的肥料。

（2）发芽后树叶黄化就大量施肥和浇水　葡萄树从发芽到开花前，65%的营养来自于上一年树体的贮存，如果树叶黄化，那么主要是上一年树体营养积累不足所致。与其相关的因素如下：上一年果实产量高，采收晚，营养积累不足；上一年后期的霜霉病致叶片早落；上一年后期施氮肥多，落叶时枝条不能正常成熟；上一年后期土壤水分含

量过大，导致沤根，或施肥量过大烧根导致根系大量死亡；基肥施得过晚或春天开沟施肥，使根系大量受损。所有这些原因，基本都和根系少而弱有关，早春气温升高快，地温上升慢，如果选择大量施肥和浇水，就会导致土壤温度更低，根系吸收能力更差，再加上根系本身就少、弱，就会出现越是浇水施肥越不长的现象。这种情况下要松土透气，提高地温，同时要通过叶面补充营养，可以参照相应的叶面施肥方案施用。

（3）树梢叶片黄化或整树叶片黄化就盲目补铁肥　有些果园，树梢叶片黄化，甚至整株树叶片颜色浅黄，症状很像缺铁症，但不一定是土壤缺铁，多是土壤冷湿，根系呼吸差，吸收能力弱，对铁等元素吸收困难，导致树上部叶片黄化。这种现象多发生在大棚栽培的葡萄树或者地膜覆盖而土壤水分含量过大的果园。此时施肥或浇水会降低地温，加重缺铁症状。叶面补铁等元素不能替代根系的吸收，只能是治标不治本。

（4）葡萄树生长缓慢就大量施肥　很多葡萄树不见长，新梢难以长出，主要是土壤水分含量过大或者土壤板结不透气，根系呼吸困难，吸收能力低或者根系少、弱。此时施肥导致土壤水分含量更大，透气性更差。施肥量过大时，很容易烧根。这种情况下首先要解决的是土壤通透性和根系呼吸活力问题，松土、排湿才是有效措施。

（5）施肥越多越好，重施肥轻吸收　很多葡萄种植者想当然地认为，施肥越多，葡萄就长得越好，产量越高。一亩多地能施5袋肥料，根本就没有根系可以生长，更谈不上吸收了，既然吸收不了，又何苦施肥呢？从某种意义上说，多施肥不如想办法提高肥料的利用率，增加吸收，或者说多施肥不如多长根。营造一种疏松透气、不干不湿、有机质丰富的土壤环境，才会有利于根系生长。土壤环境好了，根系生长才会好，健康良好的根系是地上部分健康生长的保障，有健康良好的根系，才会有健康良好的果品。

（6）施肥区域过于集中，离树干过近　肥料在土壤里能移动的距离是有限的，也就是说施肥区域比较集中时，只有部分根系能吸收营养。施肥集中，容易使肥料局部浓度过高，造成烧根。根系吸收营养主要靠毛细根，而离主干过近的地方，毛细根的分布很少，大多是比较粗的根，这些根主要是运输从毛细根吸收来的营养和水分，没有吸收功能。离树干过近施肥，不但肥料的吸收利用率低，而且极易造成较粗的根被烧坏，对葡萄树的生长影响巨大。如果上一年有大量粗根死亡，会引起病原菌沿死亡的根系蔓延，就会导致第二年生长中的枝条突然枯死。

（7）滴灌时只滴肥料，不滴清水　个别果园在滴灌时，每次都加肥料，而且滴完肥料马上停止滴清水。由于每次滴的水量都有限，地表的水分蒸发后，造成土壤里的肥料浓度越来越高，滴肥后烧坏根系。正确的水肥一体化措施应该是在滴肥料之前，先滴15分钟清水，滴完肥料之后再滴30分钟清水。

（8）过多施用磷肥，影响了钙及一些微量元素的吸收　磷元素过量时，会影响锌、铁、硼、锰的吸收。过量的磷，同时会使离子态的钙、镁固化，吸收减少。而葡萄树对钙、镁的吸收量要远远大于对磷的吸收量。

第三节　葡萄合理施肥技术

葡萄合理施肥技术由正确的施肥时期、适宜的施肥量及养分配比、合理的施肥方法等要素组成。

一、葡萄的施肥原则

葡萄合理施肥在遵循养分归还学说、最小养分律、报酬递减律、因子综合作用律、必需营养元素同等重要和不可代替律等基本原理的基础上，还需要掌握以下基本原则：

1. 用养结合——有机与无机相结合

要使作物-土壤-肥料形成物质和能量的良性循环，必须坚持用养结合，投入产出相平衡，维持或提高土壤肥力，增强农业可持续发展能力。因此，葡萄合理施肥必须以有机肥料的施用为基础，减少化肥投入。增施有机肥能提高土壤有机质含量，改善土壤理化及生物性状，提高土壤保水保肥能力，增强土壤微生物活性，提高化肥利用率。

增施有机肥除用量方面，还应注意施用形式与种类。如将秸秆还田、

种植绿肥等与农家肥和商品有机肥的施用相结合，能更好地培肥地力，实现高产、优质、可持续发展。对于土壤问题较严重的果园，除增施有机肥外，还应配合施用新型肥料如海精灵生物刺激剂（根施型）改善土壤理化性质。

2. 平衡营养——大量、中量、微量元素配合

施入土壤中的各种养分并不是“单兵作战”，而是相互促进、相互制约的，既需要氮、磷、钾等大量元素，又需要钙、镁、硫等中量元素，也需要硼、锌、铁、锰、铜、钼等微量元素。氮、磷、钾三要素肥料要多施，中、微量元素肥料适量施，不施含氯复合肥和硝态氮肥，农家肥肥效差的要多施。不同种类化肥间合理配合施用，可以充分发挥肥料间的协同作用，大大提高肥料的经济利用率。根据土壤分析及葡萄树近年来的生长情况，及时、适量地补充缺乏的中、微量元素肥料，防治生理性病害的发生。由于中、微量肥的施用量极少，土施易过量，应配成合适浓度进行叶面喷施，不仅简单方便、省时省力，而且养分吸收快、见效快。

3. 重施基肥——基肥为主，巧施追肥

一般基肥应占施肥总量的50%~70%，具体还应根据土壤肥力、树龄大小、长势强弱和产量多少等因素，采取根施和叶面喷肥相结合的方式施肥。通常情况下，遵循大树多施，小树少施；弱树多施，壮树少施；结果多的多施，结果少的少施等原则。

4. 方法得当——规范施肥方法

秋施基肥应在采收后至初冬施用，最好在采收后1个月内施用，此时果树尚未进入休眠期，根系活动旺盛，叶片未脱落，施入有机肥可以供给树体吸收足够的养分，增加树体营养，促进花芽分化，使第二年树体生长旺盛、提高产量。

葡萄生长季节追肥一般每年5次，包括萌芽肥、膨果肥、花前肥、转色肥及采后肥。施肥时应规范方法，采取轮换单边条状沟施肥法，在距树体一定距离处挖沟施肥，施肥后应及时灌水。逐年扩大施肥范围，直至超出定植沟以外，每年深翻扩穴，施肥改土。在施肥量相同时，应尽量扩大施肥面积，避免局部肥料浓度过高引起烧根、烧苗现象。

5. 适位补养——土壤施肥为主，叶面施肥为辅

葡萄树体的各个部位，无论是根，还是茎、叶，只要是幼嫩部分，都有一定的吸收养分的功能，但茎、叶的吸收能力较弱，吸收的养分数量也较少，大量的养分主要靠根系吸收。因此，土壤施肥是葡萄施肥的主要形

式，大量的肥料要通过土壤施肥，由根系吸收供给葡萄树生长发育需要；而叶面施肥只是一种补充形式，当出现缺素或需供给微量元素肥料时，可采取叶面喷施等形式。通过疏松土壤、适时灌水，保持土壤湿润，促进形成强大的根系，充分发挥根系对养分吸收的主导作用。

二、葡萄的施肥时期

品种、树势、树龄、产量、土壤养分不同，葡萄施肥的施肥量、施肥时期、施肥次数也不相同。

1. 确定葡萄施肥时期的依据

（1）依据葡萄的需肥时期 葡萄的需肥时期与物候期有关。养分首先满足生命活动最旺盛的器官，即生长中心，它也是养分分配中心。随着物候期的进展，生长中心转移，分配中心也随之转移，若错过这个时期施肥，一般补救作用不大。葡萄的主要物候期有开花、坐果、幼果膨大、花芽分化等时期。有时不同物候期的生长中心有重叠现象，如幼果膨大与花芽分化期就出现养分分配和供需矛盾。因此，必须视土壤肥力状况给予适量的追肥，才能缓减生长中心竞争营养的矛盾，使树体平衡地生长发育。

（2）依据土壤中营养元素和水分变化规律 土壤中营养元素含量与葡萄园的耕作制度有关。清耕园一般春季氮含量较少，夏季有所增加。钾含量与氮含量相似。磷含量则春季多、夏秋季少。间作豆科作物，春季氮含量少，夏季由于根瘤菌固氮作用而氮含量增加。土壤水分含量与肥料作用的发挥有关，土壤水分亏缺时施肥，有害无利；积水或多雨地区养分易流失，应进行施肥。

（3）依据肥料性质 易挥发的速效性或施后易被土壤固定的肥料如碳酸氢铵、过磷酸钙等，宜在葡萄树需肥稍前施入；迟效性肥料如有机肥料，因腐烂分解后才能被葡萄根系吸收利用，所以应提前施入。同一肥料元素因施肥时期不同而效果不同，如氮肥在生长前期施用，可促进枝叶生长；若后期施用，不仅影响果实成熟着色，枝条的成熟期也会推迟。因此，决定肥料的施用时期，应结合树体营养、吸收特点、土壤供肥情况及气候条件等综合考虑，才能收到良好效果。

2. 葡萄基肥的施肥时期

基肥常被称为底肥，是指在播种或定植前及多年生作物越冬前结合土壤耕作翻入土壤中的肥料。其目的是培肥改良土壤，为葡萄生长发育创造良好的土壤条件，且源源不断地供应葡萄在整个生长期对养分的要求。

（1）葡萄基肥的作用　每年秋季果实采收后对葡萄树施基肥，目的是补偿树体因大量结果而造成的营养亏空，可局部改善土壤理化性质，有利于营养物质的积累。一是增加树体养分积累，有利于第二年葡萄树叶幕的形成、花芽的分化与充实，以及提升、提高细胞液浓度从而提升葡萄植株的抗寒性。二是施基肥时会切断一些细小根，但此时正值根系的生长高峰，受伤的根系会较快愈合并促发新根。而且秋天产生的吸收根木栓化较迟，以白色状态越冬，它对第二年早春养分、水分的吸收具有十分重要的意义。三是秋施基肥疏松土壤，提高土壤孔隙度，加速土肥相融，改善土壤中水、气、热条件，有利于各种微生物活动。同时，秋施后有机肥料有一段较长时间腐烂分解，到早春可及时供给葡萄根系吸收利用。

（2）葡萄基肥的施用时期　基肥一般在采收后施入。各个地区基肥施用时间稍有差别，一般大棚栽培葡萄、早熟品种最好在秋分前后施；晚熟品种，采收后立即施肥。基肥施用过早，葡萄树地上部分还在生长，使用基肥过程中深挖使根系受损，会因叶片蒸腾作用过大导致叶片干枯。但基肥施用过迟，地温下降，根系活动趋于停止，叶片的功能停止，肥料利用率就会大大降低，肥效发挥慢，对葡萄树春季开花坐果和新梢生长的作用较小。若迟至春季，则在夏季开始发挥肥效，不能满足春季葡萄树萌芽需要的能量，易造成葡萄树旺长、坐果不稳、大小粒等。

（3）葡萄基肥的肥料类型　施基肥的目的在于改良土壤环境，补充化学肥力及生物肥力，所以基肥应以长效的有机肥为主，辅以速效的化肥、生物菌肥及中、微量元素肥。有机肥养分全面、具有持效性，有改良土壤的作用；化学肥料养分单一，具有速效性，特点是作用迅速，效果明显；生物菌肥可补充土壤中的有益菌，恢复土壤微生态平衡；中、微量元素肥主要包括钙、镁、锌、硼、铁肥等，葡萄树对钙素需要量大，注意补充，其他元素酌情补充。

温馨提示

葡萄基肥的选择应注意以下问题：

（1）有机肥要腐熟　生产中使用的有机肥种类很多，如羊粪、牛粪、猪粪等，但均需要充分腐熟。施用未腐熟的有机肥不能及时为葡萄树提供养分，在土壤腐熟分解的过程中还会产生大量的热和有害物质，伤害葡萄根系。

（2）化学肥料视情况施用　一是化学肥料的用量应根据产量而定，产量高的可酌情增施；二是化学肥料的施用要考虑树势情况，如枝条老熟情况好，可选用平衡型复合肥，若枝条老熟差的则应选用高磷高钾型，还可叶面喷施磷钾肥，促其老熟。

（3）中、微量元素肥缺啥补啥　一般中、微量元素的丰缺与土质关系较大，如红壤、黄壤、紫色土等类型土壤钙、镁、硼、锌缺乏较为普遍，石灰性土壤锌、铁、锰缺乏严重，拿不准可进行土壤测试。同时要注意，土壤的理化性质对矿质元素的活性与根系的吸收影响较大，除增施有机肥外，在葡萄树生长期多次淋施海精灵生物刺激剂可收到良好效果。

3. 葡萄的根部追肥时期

追肥是当年壮树、高产、优质，又给第二年生长结果打下基础的肥料。追肥的次数和时期与气候、土质、树龄等有关。

（1）萌芽前　这一时期施肥的主要作用是促进葡萄树的芽眼萌发整齐，促使叶片厚大，花序大而壮。施肥以速效性氮肥为主，如尿素、碳酸氢铵等。进入伤流期，根系吸收作用增强，萌芽前追肥效果明显，可以提高萌芽率，增大花序，使新梢生长健壮，从而提高产量。如果秋施基肥足量，可以不在这一时期追肥。

（2）开花前　开花前施肥要以速效性的氮肥、磷肥为主，根据葡萄树势生长情况，施入适当的钾硼肥。充足的氮磷肥及微量元素肥料，对葡萄开花、授粉、受精和坐果，以及当年花芽分化都有良好影响。但巨峰葡萄在这一时期不宜施用氮肥，在开花后施入效果较好。

（3）幼果期　葡萄幼果期，施肥要以氮、磷、钾为主。这一时期，施肥的主要作用是促进浆果迅速增大，促进花芽分化，减少小果率。同时，这一时期正处于根系生长期及夏梢的萌发期，葡萄植株营养消耗较大。若是这时营养供应不足，加上新梢旺长，则会出现大量落花落果现象，因此在这一时期，若是植株生长旺盛，应控制速效性氮肥的施用。

（4）浆果成熟期　到了葡萄膨果后期，施肥要以钾肥、磷肥（除速效性磷钾肥外，还可用草木灰等农家肥）为主，在浆果开始上色时，施入大量的含钾、磷为主的草木灰或腐熟的鸡粪等。这一时期尽量不要施用氮肥，但在果穗太多或者在贫瘠砂壤土上的葡萄园，雨季后的浆果成熟期

可适当施用氮肥。

（5）采后肥　采收后，葡萄树势较弱，而这一时期施肥可以使树体快速恢复，有利于花芽的分化，采后肥主要是是磷、钾肥，配合适量氮肥，目的是促进花芽发育和枝条成熟。采后肥可结合秋施基肥一起施用。

4. 葡萄的根外追肥时期

根外追肥，又称叶面喷肥，是采用液体肥料叶面喷施的方法，迅速供给葡萄树生长所需要的营养，目前在葡萄生产上应用广泛。其优点是经济、省工、省肥、肥效快，不受营养分配中心的影响，避免某些元素在土壤中被固定，因而对提高葡萄产量和改进品质有显著效果。一般来说，葡萄在整个生长季节均可进行根外追肥，但生产上一般主要是以下 3 个时期施用较多。

（1）发芽后至开花前　该时期主要是促进叶片与新梢生长，以喷施氮肥为主。如 0.3%～0.5% 的尿素溶液、0.3%～0.5% 的硫酸铵溶液、0.3%～0.5% 的硝酸铵溶液、0.3% 的尿素+0.3% 的磷酸二氢钾的复合液肥。

（2）开花坐果期　该时期主要是促进开花和提高坐果率，可在开花前 5～7 天喷 0.1%～0.3%的硼砂溶液或 0.05%～0.15%的硼酸溶液，开花前 1 周、开花后 1 周各喷 1 次 0.05%～0.2%的硫酸锌溶液，还可在开花期、落花后各喷 1 次 0.03%～0.07%的稀土微肥。

（3）坐果后成熟前和枝条成熟期　该时期主要是促进果实生长、增加果实含糖量、防止果实“水灌”、促进光合作用、延长叶片寿命、促进枝条成熟和提高植株抗病力。该时期的根外追肥以磷、钾肥为主，配施氮肥。

三、葡萄的施肥量

葡萄施肥量是构成合理施肥技术的核心要素，确定经济合理的施肥量是合理施肥的中心问题。但确定适宜的施肥量是一个非常复杂的事情，一般应该遵循以下原则：

1. 全面考虑与合理施肥有关的因素

考虑葡萄施肥量时应该深入了解葡萄树、土壤和肥料三者的关系，还应结合考虑环境条件和相应的农业技术条件。各种条件综合水平高，施肥量可以适当大些，否则应适当减少施肥量。只有综合分析才能避免片面性。

2. 施肥量必须满足葡萄对养分的需要

为了使葡萄达到一定的产量，必须要满足它对养分的需求，即通过施肥来补充葡萄树消耗的养分，避免土壤养分亏损，肥力下降，不利于农业生产的可持续性。

3. 施肥量必须保持土壤养分平衡

土壤养分平衡包括土壤中养分总量和有效养分的平衡，也包括各种养分之间的平衡。施肥时，应该考虑适当增加限制葡萄树产量的最小养分的数量，以协调土壤中各种养分之间的关系，保证养分平衡供应。

4. 施肥量应能获得较高的经济效益

在肥料效应符合报酬递减律的情况下，单位面积施肥的经济收益，开始阶段随施肥量的增加而增加，达到最高点后即下降。因此，在肥料充足的情况下，应该以获得单位面积最大利润为原则来确定施肥量。

5. 确定施肥量时应考虑前茬葡萄所施肥料的后效

试验证明，肥料三要素“氮、磷、钾”中，磷肥后效最长，磷肥的后效与肥料品种有很大关系。例如，水溶性磷肥和弱酸性磷肥，当季葡萄收获后，大约还有 2/3 留在土壤中；第二季葡萄收获后，约有 1/3 留在土壤中；第三季收获后，大约还有 1/6；第四季收获后，残留很少，不再考虑其后效。钾肥的后效，一般在第一季葡萄收获后，大约有 1/2 留在土壤中。一般认为，无机氮肥没有后效。

估算施肥量的方法很多，如养分平衡法等，具体方法参见第四章相关内容。

四、葡萄的施肥方法

常见葡萄树的施肥方法有以下几种：

1. 全园撒施法

棚架葡萄多采用全园撒施，施后再用铁锹或犁将肥料翻埋入土。撒施肥料常引起葡萄根系上浮，应尽量采用沟施或穴施。

2. 条状沟施肥法

条状沟施肥法即在树冠外缘稍外相对的两侧各挖一条深、宽均为 50 厘米的条状沟，沟长依树冠大小而定。第二年在另外相对侧开沟施肥，两年轮换一遍。也可在树冠外缘四面各挖一条深、宽均为 50 厘米的条状沟，将肥料施在沟内（彩图 9）。

3. 行间深沟施肥法

行间深沟施肥法适用于密植葡萄园。沿树行方向挖宽 50~60 厘米、深 60~70 厘米的沟，沟长与树行相同，将肥料施在沟内（彩图 10）。

4. 灌水施肥法

灌水施肥法即将肥料溶解在灌水中施用，尤以与喷灌和滴灌相结合的较多，也称水肥一体化技术。它适用于树冠相接的成龄果园和密植果园，具有供肥及时、肥料分布均匀且利用率高、不伤害根系并有利于保护土壤结构等特点（彩图 11）。

5. 根外施肥法

根外施肥法又叫叶面喷肥法，是生产上经常采用的一种施肥方法。该法为将肥料溶解在水中，配成一定浓度的肥液，用喷雾器喷洒在叶片上，通过叶片上的组织被树体吸收利用。果树采用叶面喷肥，一般可增产 5%~15%（彩图 12）。

第四章

葡萄科学施肥新技术

随着科学技术的发展与进步，葡萄树测土配方施肥技术、营养诊断施肥技术、营养套餐施肥技术、水肥一体化技术、有机肥替代化肥新技术、设施栽培葡萄科学施肥等施肥新技术不断出现，这些新技术是葡萄栽培生产中的重要技术，也是保证葡萄高产、稳产、优质最有效的农艺措施。

第一节　葡萄测土配方施肥技术

葡萄测土配方施肥技术是综合运用现代农业科技成果，以肥料田间试验和土壤测试为基础，根据葡萄需肥特点、土壤供肥性能和肥料效应，在合理施用有机肥料的基础上，科学提出氮、磷、钾及中、微量元素等肥料的施用品种、数量、施肥时期和施用方法的一套施肥技术体系。

一、葡萄测土配方施肥技术要点

葡萄测土配方施肥技术包括测土、配方、配肥、供应、施肥指导5个核心环节和“野外调查、田间试验、土壤测试、配方设计、校正试验、配方加工、示范推广、宣传培训、数据库建设、效果评价、技术创新”11项重点内容。

1. 葡萄测土配方施肥技术的核心环节

（1）测土　在广泛的资料收集整理、深入的野外调查和典型农户调查，以及掌握园地的立地条件、土壤理化性质与施肥管理水平的基础上，对采集的土样进行有机质、全氮、水解氮、有效磷、缓效钾、速效钾及中、微量元素等养分的化验，为制定配方和田间肥料试验提供基础数据。

（2）配方　以开展田间肥料小区试验，摸清土壤养分校正系数、土壤供肥量、葡萄需肥特点和肥料利用率等基本参数，建立不同施肥分区葡

萄的氮、磷、钾肥料效应模式和施肥指标体系为基础，再由专家分区域、分品种根据土壤养分测试数据、葡萄需肥特点、土壤供肥特点和肥料效应，在合理配施有机肥的基础上，提出氮、磷、钾及中、微量元素等肥料配方。

（3）配肥　依据施肥配方，以各种单质或复混肥料为原料，配制配方肥料。目前，在推广上有两种模式：①农民根据配方建议卡，自行购买各种肥料配合施用；②由配肥企业按配方加工配方肥料，农民直接购买施用。

（4）供应　测土配方施肥技术最具活力的供肥模式是通过肥料招投标，以市场化运作、工厂化生产和网络化经营将优质配方肥料供应到户、到田。

（5）施肥指导　制定、发放测土配方施肥建议卡到户或供应配方肥到点，并建立测土配方施肥示范区，通过树立样板田的形式来展示测土配方施肥技术效果，引导农民应用测土配方施肥技术。

2. 葡萄测土配方施肥技术的重点内容

葡萄测土配方施肥技术的实施是一个系统工程，整个实施过程需要农业教育、科研、技术推广部门与广大农户或农业合作社、农业企业等相结合，配方肥料的研制、销售、应用相结合，现代先进技术与传统实践经验相结合。从土样采集、养分分析、肥料配方制定、按配方施肥、田间试验示范监测到修订配方，形成一个完整的测土配方施肥技术体系。

（1）野外调查　将资料收集整理与野外定点采样调查相结合，典型农户调查与随机抽样调查相结合，通过广泛深入的野外调查和取样地块农户调查，掌握园地地理位置、自然环境、土壤状况、生产条件、农户施肥情况及耕作制度等基本信息，以便有的放矢地开展测土配方施肥技术工作。

（2）田间试验　田间试验是获得葡萄树最佳施肥量、施肥时期、施肥方法的根本途径，也是筛选、验证土壤养分测试技术，建立施肥指标体系的基本环节。通过田间试验，掌握各个施肥单元不同品种葡萄优化施肥量，基肥、追肥分配比例，施肥时期和施肥方法；摸清土壤养分校正系数、土壤供肥量、葡萄需肥参数和肥料利用率等基本参数；构建葡萄施肥模型，为施肥分区和肥料配方提供依据。

（3）土壤测试　土壤测试是肥料配方的重要依据之一，随着我国种植业结构不断调整，高产葡萄品种不断涌现，施肥结构和数量发生了很大的变化，土壤养分库也发生了明显改变。通过开展土壤氮、磷、钾及中、微量元素养分测试，可了解土壤供肥能力状况。

（4）配方设计　肥料配方设计是测土配方施肥工作的核心。通过总结田间试验、土壤养分数据等，划分不同施肥分区；同时，根据气候、地貌、土壤、耕作制度等相似性和差异性，结合专家经验，提出不同品种葡萄的施肥配方。

（5）校正试验　为保证肥料配方的准确性，最大限度地减少配方肥料批量生产和大面积应用的风险，在每个施肥分区单元设置配方施肥、农户习惯施肥、空白施肥3个处理，以当地主栽葡萄品种为研究对象，对比配方施肥的增产效果，校验施肥参数，验证并完善肥料施用配方，改进测土配方施肥技术参数。

（6）配方加工　配方落实到农户果园是提高和普及测土配方施肥技术的最关键环节。目前，不同地区有不同的模式，其中最主要的也是最具有市场前景的模式就是市场化运作、工厂化加工、网络化经营。

（7）示范推广　为促进葡萄测土配方施肥技术能够落实到田间地点，既要解决测土配方施肥技术市场化运作的难题，又要让广大农民看到实际效果，这是限制测土配方施肥技术推广的“瓶颈”。建立测土配方施肥示范区，为农民创建窗口，树立样板，全面展示测土配方施肥技术的成果。将测土配方施肥技术物化成产品，打破技术推广“最后一公里”的“坚冰”。

（8）宣传培训　葡萄测土配方施肥技术宣传培训是提高农民科学施肥意识、普及技术的重要手段。农民是测土配方施肥技术的最终使用者，因此迫切需要向农民传授科学施肥方法和模式；同时还要加强对各级技术人员、肥料生产企业、肥料经销商的系统培训，逐步建立技术人员和肥料经销持证上岗制度。

（9）数据库建设　运用计算机技术、地理信息系统（GIS）和全球定位系统（GPS），按照规范化测土配方施肥数据字典，以野外调查、农户施肥状况调查、田间试验和分析化验数据为基础，实时更新、整理历年土壤肥料田间试验和土壤监测数据资料，建立不同层次、不同区域的测土配方施肥数据库。

（10）效果评价　农民是测土配方施肥技术的最终执行者和落实者，也是最终受益者。检验测土配方施肥的实际效果，及时获得农民的反馈信息，才能不断完善管理体系、技术体系和服务体系。同时，为科学地评价测土配方施肥的实际效果，必须对一定的区域进行动态调查。

（11）技术创新　技术创新是保证测土配方施肥工作长效性的科技支

撑。重点开展田间试验方法、土壤养分测试技术、肥料配制方法、数据处理方法等方面的创新研究工作，不断提升测土配方施肥技术水平。

二、葡萄园土壤样品采集、制备与测试

土壤样品的采集是土壤测试的一个重要环节，土壤样品采集应具有代表性，并根据不同分析项目采用相应的采样和处理方法。

1. 葡萄园土壤样品的采集

（1）采样准备 为确保土壤测试的准确性，应选择具有采样经验、掌握采样方法和要领、对采样区域农业生产情况熟悉的技术人员负责采样。如果是农民自行采样，采样前应咨询当地熟悉情况的技术人员，或在其指导下进行采样。

采样时要有采样区域的土壤图、土地利用现状图、行政区划图等，标出样点分布位置，制订采样计划。准备 GPS、采样工具、采样袋、采样标签等。

（2）采样单元 采样前要详细了解采样地区的土壤类型、肥力等级和地形等因素，将测土配方施肥区域划分为若干个采样单元，每个采样单元的土壤要尽可能均匀一致。平均每个采样单元为 20~40 亩（地势平坦的葡萄园取高限，丘陵区的葡萄园取低限）。采样集中在位于每个采样单元相对中心位置的典型地块（同一农户的地块），采样地块面积为 1~5 亩。

（3）采样时间 葡萄在上一个生长发育期果实采摘后、下一个生长发育期开始之前，连续 1 个月未进行施肥后的任意时间采集土壤样品。进行氮肥追肥推荐时，应在追肥前或葡萄生长的关键时期采集。

（4）采样周期 同一采样单元，进行无机氮或植株氮营养快速诊断时，每季或每年采集 1 次；进行土壤有效磷、速效钾的检测，每 2~3 年采集 1 次；进行中、微量元素的检测，每 3~5 年采集 1 次。

（5）采样深度 葡萄树采样深度为 0~60 厘米，分为 0~30 厘米、30~60 厘米采集基础土壤样品。如果葡萄园土层薄（小于60 厘米），则按照土层实际深度采集，或只采集 0~30 厘米土层。

（6）采样点数量 要保证足够的采样点，使之能代表采样单元的土壤特性。采样必须多点混合，每个采样点由 15~20 个分点混合而成。

（7）采样路线 采样时应沿着一定的路线，按照“随机”“等量”和“多点混合”的原则进行采样。一般采用对角线或“S”形布点采样。在

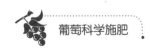

地形变化小、地力均匀、采样单元面积较小的情况下，也可采用梅花形布点取样，要避开路边、田埂、沟边、肥堆等特殊位置。

（8）采样方法 在待测葡萄园选择不少于5株葡萄树，在每株葡萄树树冠投影边缘线30厘米左右范围，分东、西、南、北4个方向采4个点。每个采样点的取土深度及采样量应均匀一致，土样上层与下层的比例要相同，取样器应垂直于地面入土，深度相同。用取土铲取样应先铲出一个耕层断面，再平行于断面下铲取土。测定微量元素的样品必须用不锈钢取土器采样。

（9）样品重 一个混合土样以取土1千克左右为宜（用于推荐施肥的取0.5千克，用于试验的取2千克），如果一个混合样品的数量太大，可用四分法将多余的土壤弃去。方法是将采集的土壤样品放在盘子里或塑料布上，弄碎、混匀，铺成四边形，画对角线将土样分成4份，把对角的2份分别并成1份，保留1份，弃去1份。如果所得的样品依然很多，可再用4分法处理，直到取到所需数量为止。

2. 土壤样品制备

（1）新鲜样品 某些土壤成分如二价铁、硝态氮、铵态氮等在风干过程中会发生显著变化，必须用新鲜样品进行分析。为了能真实地反映土壤在田间自然状态下的某些理化性状，新鲜样品要及时送回室内进行分析，用粗玻璃棒或塑料棒将样品混匀后迅速称样测定。

新鲜样品一般不宜贮存，如果需要暂时贮存，可将新鲜样品装入塑料袋，扎紧袋口，放在冰箱冷藏室或进行速冻保存。

（2）风干样品 从野外采回的土壤样品要及时放在样品盘上，摊成薄薄的一层，置于干净整洁的室内通风处自然风干，严禁暴晒，并注意防止酸、碱等气体及灰尘的污染。风干过程中要经常翻动土样，并将大土块捹碎以加速干燥，同时剔除土壤以外的侵入体。

风干后的土样按照不同的分析要求研磨过筛，充分混匀后，装入样品瓶中备用。瓶内外各放标签一张，标明编号、采样地点、土壤名称、采样深度、样品粒径、采样日期、采样人及制样时间、制样人等项目。制备好的样品要妥善贮存，分析数据核实无误后，试样一般还要保存3个月至1年，以备查询。少数有价值需要长期保存的样品，须保存于广口瓶中，用蜡封好瓶口。

1）一般化学分析试样的制备。将风干后的样品平铺在制样板上，用木棍或塑料棍碾压，并将植物残体、石块等侵入体和新生体剔除干净，细

小已断的植物须根，可采用静电吸附的方法清除。压碎的土样要全部通过2毫米孔径筛。有条件时，可采用土壤样品粉碎机粉碎。过2毫米孔径筛的土样可供测定pH、盐分、交换性能及有效养分项目。

将通过2毫米孔径筛的土样用四分法取出平分继续碾磨，使之全部通过0.25毫米孔径筛，供测定有机质、全氮、碳酸钙等项目。

2）微量元素分析试样的制备。用于微量元素分析的土样，其处理方法与一般化学分析样品相同，但在采样、风干、研磨、过筛、运输、贮存等各环节都要特别注意，不要接触金属器具，以防污染。如采样、制样使用木、竹或塑料工具，过筛使用尼龙网筛等。通过2毫米孔径尼龙筛的样品可用于测定土壤有效态微量元素。

三、葡萄植株样品的采集与处理

1. 葡萄植株样品的采集

葡萄植株样品的采集主要是用于营养诊断的叶样品的采集和果实样品的采集。

（1）叶片样品　在6月中下旬~7月初营养性春梢停长、秋梢尚未萌发，即叶片养分相对稳定期，采集新梢中部第7~9片成熟正常叶片（完整无病虫叶），分树冠中部外侧的4个方位进行。采样时间一般以8:00~10:00为宜。1个样品采10株，样品数量根据叶片大小确定，大叶一般采50~100片。

（2）果实样品　进行“X”动态优化施肥试验的葡萄园，要求每个处理都必须采样。基础施肥试验面积较大时，在平坦的葡萄园可采用对角线法布点采样，由采样区的一角向另一角引一条对角线，在此线上等距离布设采样点，山地葡萄园应按等高线均匀布点。采样点一般不应少于10个。对于树型较大的葡萄树，采样时应在葡萄树上、中、下、内、外部的果实着生方位（东、南、西、北）均匀采摘果实。将各点采摘的果实进行充分混合，按四分法缩分，根据检验项目要求，最后分取所需份数，每份20~30个果实，分别装入袋内，粘贴标签，扎紧袋口。

2. 葡萄植株样品的处理

（1）叶片样品　完整的植株叶片样品应先洗涤干净，洗涤方法是先将中性洗涤剂配成0.1%的水溶液，再将叶片置于其中洗涤30秒，取出后尽快用清水冲掉洗涤剂，再用0.2%的盐酸溶液洗涤约30秒，然后用去离子水洗净。整个操作必须在2分钟内完成，以避免某些养分的损失。叶片洗净后必须尽快烘干，一般是将洗净的叶片用滤纸吸去水分，先置于105℃鼓风干燥箱中杀酶15~20分钟，然后在75~80℃条件下恒温烘干。烘干的样品从烘箱取出冷却后随即放入塑料袋里，用手在袋外轻轻搓碎，然后在玛瑙研钵或玛瑙球磨机或不锈钢粉碎机中磨细（若仅测定大量元素的样品可使用瓷研钵或一般植物粉碎机磨细），用60目（直径为0.25毫米）尼龙筛过筛。干燥磨细的叶片样品，可用磨口玻璃瓶或塑料瓶贮存。若需长期保存，则须将密封瓶置于-5℃冷藏。

（2）果实样品 测定果实样品品质（糖酸比等）时，应及时将果皮洗净并尽快进行测定，若不能马上进行分析测定，应暂时放入冰箱保存。需测定养分的果实样品，洗净果皮后将果实切成小块，充分混匀后用四分法缩分至所需的数量，仿照叶片干燥、磨细、贮存方法进行处理。

四、土壤与植株测试

土壤与植株测试是测土配方施肥技术的重要环节，也是制定养分配方的重要依据。因此，土壤与植株测试在测土配方施肥技术工作中起着关键性作用。农民自行采集的样品，可咨询专家，到当地土肥站进行测试。

1. 土壤测试

目前，土壤测试方法有3种：以M3方法为主的土壤测试方法、以ASI方法为主的土壤测试方法、常规方法。在应用时可根据测土配方施肥的要求和条件，选择相应的土壤测试方法。对于一个具体土壤或区域来讲，一般需要测试几个或多个项目（表4-1）。

表4-1 葡萄测土配方施肥和地力评价样品测试项目汇总表

测试项目		葡萄测土施肥	地力评价
1	土壤pH	必测	必测
2	石灰需要量	pH<6的样品必测	
3	土壤阳离子交换量	选测	
4	土壤水溶性盐分	必测	
5	土壤有机质	必测	必测
6	土壤全氮		必测
7	土壤有效磷	必测	必测

（续）

	测试项目	葡萄测土施肥	地力评价
8	土壤速效钾	必测	必测
9	土壤交换性钙镁	必测	
10	土壤有效铁、锰、铜、锌、硼	选测	

2. 植株测试

葡萄植株的测试项目较多，见表 4-2。

表 4-2 葡萄测土配方施肥植株样品测试项目汇总表

	测试项目	必测或选测
1	全氮、全磷、全钾	必测
2	水分	必测
3	粗灰分	选测
4	全钙、全镁	选测
5	全硫	选测
6	全硼、全钼	选测
7	全量铜、锌、铁、锰	选测
8	硝态氮田间快速诊断	选测
9	葡萄树叶片营养诊断	必测
10	叶片金属营养元素快速测试	选测
11	维生素 C	选测
12	硝酸盐	选测
13	可溶性固形物	选测
14	可溶性糖	选测
15	可滴定酸	选测

五、葡萄肥效试验

葡萄肥料田间试验推荐采用“2+X”方法，分为基础施肥试验和“X”动态优化施肥试验两部分。“2”是指各地均应进行的以常规施肥和优化施肥 2 个处理为基础的对比施肥试验，其中常规施肥是当地大多数农户在葡萄生产中习惯采用的施肥技术，优化施肥则为当地近期获得的葡萄高产高效或优质适产施肥技术。“X”是指针对不同地区、不同品种葡萄可能存在的对生产和养分高效有较大影响的未知因子而不断进行的修正优化施肥处理的动态研究试验，未知因子包括不同种类葡萄树养分吸收规律、施肥量、施肥时期、养分配比，以及中、微量元素等。为了进一步阐明各个未知因子的作用特点，可有针对性地进一步安排试验，目的是为确定施肥方法及施肥量，验证土壤和葡萄树叶片养分测试指标等提供依据。“X”的研究成果也将为进一步修正和完善优化施肥技术提供参考，最终形成新的测土配方施肥（集成优化施肥）技术，有利于在田间大面积应用、示范推广。

1. 基础施肥试验

基础施肥试验取“2+X”中的“2”为试验处理数。①常规施肥处理，葡萄的施肥种类、施肥量、时期、施肥方法和栽培管理措施均按照当地大多数农户的生产习惯进行；②优化施肥处理，即葡萄的高产高效或优质适产施肥技术，可以是科技部门的研究成果，也可以是当地高产葡萄园采用并经土壤肥料专家认可的优化施肥技术方案。优化施肥处理涉及的施肥时期、肥料分配方式、水分管理、花果管理、整形修剪等技术应根据当地情况与有关专家协商确定。基础施肥试验是在大田条件下进行的生产应用性试验，可将面积适当增大，不设置重复。试验采用盛果期的正常结果树。

2.“X”动态优化施肥试验

“X”表示根据试验地区葡萄的立地条件、葡萄生长的潜在障碍因子、葡萄园土壤肥力状况、葡萄品种、适产优质等内容，确定急需优化的技术内容方案，旨在不断完善优化施肥处理。其中氮、磷、钾通过采用土壤养分测试和叶片营养诊断丰缺指标法进行，中量元素钙、镁、硫和微量元素铁、锌、硼、钼、铜、锰宜采用叶片营养诊断临界指标法。“X”动态优化施肥试验可与基础施肥试验的2个处理在同一试验条件下进行，也可单独布置试验。“X”动态优化施肥试验每个处理应不少于4株葡萄树，需要设置3~4次重复，必须进行长期定位试验研究，至少有3年以上的试验结果。

“X”主要包括4个方面的试验，分别为：X_1，氮肥总量控制试验；X_2，氮肥分期调控试验；X_3，葡萄配方肥料试验；X_4，中、微量元素试验。“X”处理中涉及有机肥、磷钾肥的施肥量、施肥时期等应接近于优

化管理；磷钾肥根据土壤磷、钾测试值和目标产量确定施肥量，根据葡萄养分规律确定施肥时期。各地根据实际情况，选择设置相应的“X”试验；如果认为磷肥或钾肥为限制因子，可根据需要将磷、钾单独设置几个处理。

（1）氮肥总量控制试验（X_1） 根据葡萄目标产量和养分吸收特点来确定氮肥适宜用量，主要设置4个处理：①不施化学氮肥；②70%的优化施氮量；③优化施氮量；④130%的优化施氮量。其中优化施氮量根据葡萄树目标产量、养分吸收特点和土壤养分状况确定。磷、钾肥按照正常优化施肥量投入。各处理详见表4-3。

表4-3　葡萄氮肥总量控制试验方案

试验编号	试验内容	处理	M	氮（N）	磷（P）	钾（K）
1	不施化学氮肥	$MN_0P_2K_2$	+	0水平	2水平	2水平
2	70%的优化施氮量	$MN_1P_2K_2$	+	1水平	2水平	2水平
3	优化施氮量	$MN_2P_2K_2$	+	2水平	2水平	2水平
4	130%的优化施氮量	$MN_3P_2K_2$	+	3水平	2水平	2水平

注：M代表有机肥料；+代表施用有机肥，其中有机肥的种类在当地应该有代表性，其施用量在当地为中等偏下水平，一般为1~3米^3/亩，有机肥料的氮、磷、钾养分含量需要测定。0水平代表不施该种养分；1水平代表适合于当地生产条件下的推荐值的70%；2水平代表适合于当地生产条件下的推荐值；3水平代表该水平为过量施肥水平，为2水平氮肥适宜推荐量的1.3倍。

（2）氮肥分期调控试验（X_2） 试验设置3个处理：①一次性施氮肥，根据当地农民习惯的一次性施氮肥时期（如葡萄树在3月上中旬）施用；②分次施氮肥，根据葡萄营养规律分次施用（如分春、夏、秋3次施用）；③分次简化施氮肥，根据葡萄营养规律及土壤特性在处理2的基础上进行简化（如可简化为夏、秋2次施肥）。在采用优化施氮肥量的基础上，磷、钾肥根据需肥特点与氮肥按优化比例投入。

（3）葡萄配方肥料试验（X_3） 试验设置4个处理：①农民常规施肥；②区域大配方施肥处理（大区域的氮、磷、钾配比，包括基肥型和追肥型）；③局部小调整施肥处理（根据当地土壤养分含量进行适当调整）；④新型肥料处理（选择在当地有推广价值且养分配比适合供试葡萄树的新型肥料，如有机无机复混肥料、缓控释肥料等）。

（4）中、微量元素试验（X_4） 葡萄中微量元素主要包括钙、镁、硫、铁、锌、硼、钼、铜、锰等，按照因缺补缺的原则，在氮、磷、钾肥优化的基础上，进行叶面施肥试验。

试验设置 3 个处理：①不施肥处理，即不施中、微量元素肥料；②全施肥处理，施入可能缺乏的一种或多种中、微量元素肥料；③减素施肥处理，在处理 2 的基础上，减去某一个中、微量元素肥料。可根据区域及土壤背景设置处理 3 的试验处理数量。

试验以叶面喷施为主，在关键生长时期施用，喷施次数相同，喷施浓度根据肥料种类和养分含量换算成适宜的浓度。

六、葡萄施肥配方的确定

根据当前我国测土配方施肥技术工作的经验，肥料配方设计的核心是肥料用量的确定。肥料配方设计首先确定氮、磷、钾养分的用量，然后确定相应的肥料组合，通过提供配方肥料或发放配肥通知单，指导农民使用。

1. 基于田块的肥料配方设计

肥料用量的确定方法主要包括土壤与植株测试推荐施肥方法和养分平衡法。

（1）土壤与植株测试推荐施肥方法 该技术综合了目标产量法、养分丰缺指标法和作物营养诊断法的优点。在综合考虑有机肥、作物秸秆应用和管理措施的基础上，根据氮、磷、钾和中、微量元素养分的不同特征，采取不同的养分优化调控与管理策略。其中，氮素推荐根据土壤供氮状况和作物需氮量，进行实时动态监测和精确调控，包括基肥和追肥的调控；磷、钾元素通过土壤测试和养分平衡进行监控；中、微量元素采用因缺补缺的矫正施肥策略。该技术包括氮素实时监控、磷、钾养分恒量监控和中、微量元素养分矫正 3 项施肥技术。

1）氮素实时监控施肥技术。根据葡萄目标产量确定需氮量，以需氮量的 30%~60%作为基肥用量。具体基施比例根据土壤全氮含量，同时参照当地丰缺指标来确定。在全氮含量偏低时，采用需氮量的 50%~60%作为基肥；在全氮含量居中时，采用需氮量的 40%~50%作为基肥；在全氮含量偏高时，采用需氮量的 30%~40%作为基肥。30%~60%的基肥比例可根据上述方法确定，并通过“3414”田间试验进行校验，建立当地不同品种葡萄的施肥指标体系。

氮肥追肥用量推荐以葡萄树生长发育关键期的营养状况诊断或土壤硝

态氮的测试为依据。这是实现氮肥准确推荐的关键环节，也是控制过量施氮或施氮不足、提高氮肥利用率和减少损失的重要措施。测试项目主要是土壤全氮、土壤硝态氮。

2）磷、钾养分恒量监控施肥技术。根据土壤有（速）效磷、钾含量水平，以土壤有（速）效磷、钾养分不成为实现目标产量的限制因子为前提，通过土壤测试和养分平衡监控，使土壤有（速）效磷、钾含量保持在一定范围内。对于磷肥，基本思路是根据土壤有效磷测试结果和养分丰缺指标进行分级。当有效磷水平处在中等偏上时，可以将目标产量需要量（只包括带出田块的收获物）的100%~110%作为当年磷用量；随着有效磷含量的增加，需要减少磷用量，直至不施；而随着有效磷的降低，需要适当增加磷用量；在极缺磷的土壤上，可以施到需要量的150%~200%。在2~4年后再次测土时，根据土壤有效磷和产量的变化再对磷肥用量进行调整。对于钾肥，首先需要确定施用钾肥是否有效，再参照上面方法确定钾肥用量，但需要考虑有机肥和秸秆还田带入的钾量。一般葡萄树磷、钾肥全部做基肥。

3）中、微量元素养分矫正施肥技术。中、微量元素养分的含量变化幅度大，葡萄树对其需要量也各不相同。这主要与土壤特性（尤其是母质）、葡萄树的品种和产量水平等有关。通过土壤测试评价土壤中、微量元素养分的丰缺状况，可进行有针对性的因缺补缺的矫正施肥。

（2）养分平衡法　根据葡萄目标产量的需肥量与土壤供肥量之差估算目标产量的施肥量，通过施肥补足土壤供应不足的那部分养分。施肥量的计算公式为

$$施肥量=\frac{目标产量所需养分总量-土壤供肥量}{肥料中养分含量\times肥料当季利用量}$$

养分平衡法涉及目标产量、作物需肥量（即目标产量所需养分总量）、土壤供肥量、肥料当季利用率和肥料中有效养分含量五大参数。目标产量确定后因土壤供肥量的确定方法不同，形成了地力差减法和土壤有效养分校正系数法两种方法。

地力差减法是根据目标产量与基础产量之差来计算施肥量的一种方法。其计算公式为

$$施肥量=\frac{(目标产量-基础产量)\times单位经济产量养分吸收量}{肥料中有效养分含量\times肥料当季利用量}$$

基础产量即葡萄肥效试验中无肥区的产量。

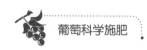

土壤有效养分校正系数法是通过测定土壤有效养分含量来计算施肥量。其计算公式为

$$施肥量=\frac{(作物单位产量养分吸收量-目标测试值)\times土壤有效养分校正系数}{肥料中有效养分含量\times肥料利用量}$$

1）目标产量。目标产量可采用平均单产法来确定。平均单产法是利用施肥区前3年平均单产和年递增率为基础确定目标产量，其计算公式是

$$目标产量=(1+递增率)\times前3年平均单产$$

一般葡萄树的递增率以10%~15%为宜。

2）作物需肥量。通过对正常成熟的葡萄树全株养分的化学分析，测定各种葡萄树百千克经济产量所需养分量，乘以目标产量即可获得作物需肥量。

$$作物需肥量=\frac{目标产量}{100}\times百千克经济产量所需养分量$$

温馨提示

如果没有试验条件，常见葡萄树平均百千克经济产量吸收的养分量可按氮（N）0.75千克、磷（P_2O_5）0.42千克、钾（K_2O）0.83千克计算。

3）土壤供肥量。土壤供肥量可以通过测定基础产量、土壤有效养分校正系数两种方法估算。

通过基础产量估算：将不施肥区作物吸收的养分量作为土壤供肥量。其计算公式为

$$土壤供肥量=\frac{不施肥区作物产量}{100}\times百千克经济产量所需养分量$$

通过土壤有效养分校正系数估算：将土壤有效养分测定值乘以一个校正系数，以表达土壤的“真实”供肥量。该系数称为土壤有效养分校正系数，其计算公式为

$$土壤有效养分校正系数(\%)=\frac{缺素区作物地上部分吸收该元素量(千克/亩)}{该元素土壤测定值(毫克/千克)\times0.15}$$

4）肥料当季利用率。如果没有试验条件，常见肥料的当季利用率也可参考表4-4。

表 4-4　常见肥料的当季利用率

肥料	当季利用率（%）	肥料	当季利用率（%）
堆肥	25~30	尿素	60
一般圈粪	20~30	过磷酸钙	25
硫酸铵	70	钙镁磷肥	25
硝酸铵	65	硫酸钾	50
氯化铵	60	氯化钾	50
碳酸氢铵	55	草木灰	30~40

5）肥料中有效养分含量。供施肥料包括无机肥料和有机肥料。无机肥料、商品有机肥料中有效养分含量按其标明量，不明养分含量的有机肥料的有效养分含量可参照当地不同类型有机肥料中有效养分平均含量得出。

2. 基于县域施肥分区的肥料配方设计

在 GPS 定位土壤采样与土壤测试的基础上，综合考虑行政区划、土壤类型、土壤质地、气象资料、种植结构、葡萄需肥特点等因素，借助信息技术生成区域性土壤养分空间变异图和县域施肥分区，优化设计不同分区的肥料配方。其主要工作步骤如下：

（1）确定研究区域　一般以县级行政区域为施肥分区和肥料配方设计的研究单元。

（2）GPS 定位指导下的土壤样品采集　土壤样品采集要求使用 GPS 定位，采样点的空间分布应相对均匀，如每 100 亩采集 1 个土壤样品，先在土壤图上大致确定采样位置，然后在标记位置附近采集多点混合土样。

（3）土壤测试与土壤养分空间数据库的建立　将土壤测试数据和空间位置建立对应关系，形成空间数据库，以便能在 GIS 中进行分析。

（4）土壤养分分区图的制作　基于区域土壤养分分级指标，以 GIS 为操作平台，使用 Kriging 方法进行土壤养分空间插值，制作土壤养分分区图。

（5）施肥分区和肥料配方的生成　针对土壤养分的空间分布特征，结合葡萄需肥规律和施肥决策系统，生成县域施肥分区图和分区测土配方施肥建议卡（表 4-5）。

（6）肥料配方的校验　在使用肥料配方的区域内针对特定葡萄树，进行肥料配方的校验。

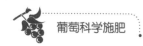

表 4-5　葡萄测土配方施肥建议卡

农户姓名______　______省______县（市）______乡（镇）______村

编号______________

<table>
<tr><th colspan="2" rowspan="2">测试项目</th><th rowspan="2">测试值</th><th rowspan="2">丰缺指标</th><th colspan="3">养分水平评价</th></tr>
<tr><th>偏低</th><th>适宜</th><th>偏高</th></tr>
<tr><td rowspan="10">土壤测试数据</td><td>全氮/(克/千克)</td><td></td><td></td><td></td><td></td><td></td></tr>
<tr><td>硝态氮/(毫克/千克)</td><td></td><td></td><td></td><td></td><td></td></tr>
<tr><td>有效磷/(毫克/千克)</td><td></td><td></td><td></td><td></td><td></td></tr>
<tr><td>速效钾/(毫克/千克)</td><td></td><td></td><td></td><td></td><td></td></tr>
<tr><td>有效铁/(毫克/千克)</td><td></td><td></td><td></td><td></td><td></td></tr>
<tr><td>有效锰/(毫克/千克)</td><td></td><td></td><td></td><td></td><td></td></tr>
<tr><td>有效铜/(毫克/千克)</td><td></td><td></td><td></td><td></td><td></td></tr>
<tr><td>有效硼/(毫克/千克)</td><td></td><td></td><td></td><td></td><td></td></tr>
<tr><td>有效钼/(毫克/千克)</td><td></td><td></td><td></td><td></td><td></td></tr>
<tr><td>有机质/(克/千克)</td><td></td><td></td><td></td><td></td><td></td></tr>
</table>

<table>
<tr><th colspan="2" rowspan="2">项目</th><th rowspan="2">肥料配方</th><th colspan="4">目标产量/(千克/亩)</th></tr>
<tr><th>用量/(千克/亩)</th><th>施肥时间</th><th>施肥方式</th><th>施肥方法</th></tr>
<tr><td rowspan="2">推荐方案一</td><td>基肥</td><td></td><td></td><td></td><td></td><td></td></tr>
<tr><td>追肥</td><td></td><td></td><td></td><td></td><td></td></tr>
<tr><td rowspan="2">推荐方案二</td><td>基肥</td><td></td><td></td><td></td><td></td><td></td></tr>
<tr><td>追肥</td><td></td><td></td><td></td><td></td><td></td></tr>
</table>

测土配方施肥推荐单位：______省______县______土壤肥料工作站（盖章）

责任人（签字）：

七、葡萄测土配方施肥技术的推广应用

葡萄测土配方施肥技术推广应用核心是施肥量的确定，确定葡萄施肥量的最简单方法就是：以结果量为基础，并根据品种特性、树势强弱、树龄、立地条件及诊断结果等加以调整。

1. 葡萄测土配方施肥量的确定

葡萄施肥量的确定有很多方法，目前常用的方法主要有：

（1）根据目标产量、土壤肥力状况确定施肥量　张丽娟（2009年）根据目标产量、土壤肥力状况等，提出葡萄树肥料推荐施用量。

1）有机肥推荐施用量。根据各地经验，腐熟的鸡粪、纯羊粪可按葡萄产量与有机肥施用量之比为1∶1的标准施用；厩肥（猪、牛厩肥）按1∶（2~3）的标准施用；商品有机肥或生物有机肥可按1∶2或1∶3的比例酌减。

2）氮、磷、钾肥推荐施用量。氮肥的施用量根据土壤有机质含量和目标产量进行推荐（表4-6）；磷肥根据土壤速效磷含量和目标产量进行推荐（表4-7）；钾肥根据土壤速效钾含量进行推荐（表4-8）。

表4-6　根据土壤有机质和目标产量推荐葡萄树氮肥施用量

肥力等级	有机质/（克/千克）	目标产量/（千克/亩）					
		660	1000	1660	2000	2330	3000
极低	<6	10.0	14.7	24.0	30.0	34.7	44.7
低	6~<10	7.5	11.0	18.0	22.5	26.0	33.5
中	10~<15	5.0	7.3	12.0	15.0	17.3	22.3
高	15~<20	2.5	3.7	6.0	7.5	8.7	11.2
极高	≥20	0	0	0	0	0	0

表4-7　根据土壤速效磷含量和目标产量推荐葡萄树磷肥施用量

肥力等级	速效磷/（毫克/千克）	目标产量/（千克/亩）					
		660	1000	1660	2000	2330	3000
极低	<5	6.7	10.0	17.3	20.0	24.0	30.7
低	5~<15	5.0	7.5	13.0	15.0	18.0	23.0
中	15~<30	3.3	5.0	8.7	10.0	12.0	15.3
高	30~<40	1.7	2.5	4.3	5.0	6.0	7.7
极高	≥40	0	0	0	0	0	0

表 4-8　根据土壤速效钾含量和目标产量推荐葡萄树钾肥施用量

肥力等级	速效钾/(毫克/千克)	目标产量/(千克/亩)					
		660	1000	1660	2000	2330	3000
极低	<60	14.0	21.3	34.7	41.3	49.3	63.3
低	60~<100	10.5	16.0	26.0	31.0	37.0	47.5
中	100~<150	7.0	10.7	17.3	20.7	24.7	31.7
高	150~<200	3.5	5.3	8.7	10.3	12.3	15.9
极高	≥200	2.3	3.5	5.8	6.9	8.2	10.5

3）中、微量元素因缺补缺技术。通过土壤测定，中、微量元素含量低于临界指标，采用因缺补缺技术进行施肥（表 4-9）。

表 4-9　北方地区葡萄树中、微量元素丰缺指标及施肥量

元素	提取方法	临界指标/(毫克/千克)	施用时期	施用量
钙	乙酸铵	800	果实采收前	1%~1.5%的硝酸钙溶液喷施
铁	DTPA	2.5	花期	0.3%的硫酸亚铁溶液喷施
锌	DTPA	0.5	采收后、花期	硫酸锌：1~2 千克/亩
硼	沸水	0.5	花期	0.1%~0.3%的硼砂溶液喷施

（2）根据土壤肥力等级按单位面积计算施肥量　确定葡萄园土壤肥力等级（表 4-10），然后根据不同肥力等级确定施肥量（表 4-11）。

表 4-10　葡萄园土壤养分分级参考值

肥力等级	有机质/(克/千克)	碱解氮/(毫克/千克)	速效磷/(毫克/千克)	速效钾/(毫克/千克)
低	<10	<50	<15	<100
中	10~<20	50~<80	15~<30	100~<150
高	≥20	≥80	≥30	≥150

表 4-11　不同肥力等级葡萄园每亩推荐施肥量

（单位：千克/亩）

肥料成分	高肥力果园	中等肥力果园	瘠薄果园
氮（N）	5.3~6.7	7.3~9.3	10~13.3
磷（P_2O_5）	5.3~6.7	5.3~6.7	7.3~9.7

（续）

肥料成分	高肥力果园	中等肥力果园	瘠薄果园
钾（K_2O）	5.3~6.7	6.7~7.3	7.3~10
钙（CaO）	23.3~36.7	23.3~36.7	23.3~36.7
镁（Mg）	15~20	15~20	15~20

2. 葡萄测土配方配套施肥技术

按葡萄物候期，施肥可分为基肥、催芽肥、催条肥、膨果肥、着色肥、采果肥6次。

（1）基肥　基肥主要是提供下一年各物候期的矿质营养；改良土壤，提高土壤肥力。晚秋施用基肥，根系可以吸收部分营养，增加树体养分积累，有利于第二年花芽继续分化，有利于新梢前期生长。

基肥基本以有机肥为主，配施磷肥。全年施用的有机肥基本都作为基肥施用，施用的过磷酸钙和其他磷肥应与有机肥料混合，作为基肥深施在根群主要分布层内，可以提高磷的有效性。酸性土壤需要的石灰也要在基肥中施入。

基肥宜在晚秋初冬施用。当地连续5天平均温度在22℃以下（晚秋）时，可以开始施基肥，直至初冬。有些葡萄园套种蔬菜等作物，待收获后施基肥也可以，即冬施基肥或早春施基肥，最晚应在伤流前施好。

一般按品种长势确定基肥施用量。优质有机肥从第二年挂果开始施用，长势弱需肥量较多的品种每亩施2000千克左右，长势中等的中肥品种每亩施1500千克左右，长势旺盛的控肥控氮品种每亩施1000千克左右。各种品种每亩配施过磷酸钙50千克或钙镁磷肥100千克左右。

基肥施用方法主要有全园撒施和沟施两种。撒施肥料常常引起葡萄根系上浮，应尽量改撒施为沟施或穴施。篱架栽培葡萄常采用沟施，方法是：在距植株50厘米处开沟，沟宽40厘米、深50厘米，每株施腐熟有机肥25~50千克、过磷酸钙250克、尿素150克。一层肥料一层土依次将沟填满。为了减轻施肥的工作量，也可以采用隔行开沟施肥的方法，即第一年在第一、第三、第五……行挖沟施肥，第二年在第二、第四、第六……行挖沟施肥，轮番沟施，使全园土壤都得到深翻和改良。

（2）根际追肥　在葡萄树生长季节施用，一般丰产园每年需追催芽肥、催条肥、膨果肥、着色肥、采果肥共5次。追肥可以结合灌水或雨天直接施入植株根部的土壤中。

1）催芽肥。催芽肥主要供应葡萄树新梢生长和开花坐果期养分，减轻花芽退化，有利于花芽分化，使花序发育良好，促进花蕾细胞分裂，使开花坐果正常。

催芽肥一般以三元复合肥为主，配施尿素。腐熟饼肥、腐熟人粪尿、沼气液肥可在此期施用，硫酸镁、硼砂也在此期施用。催芽肥一般在萌芽前 15 天施用。

中肥品种每亩施三元复合肥 15~20 千克，需肥较多品种每亩施三元复合肥 15~20 千克、配施尿素 7.5~10 千克，控肥控氮品种每亩施三元复合肥 10~15 千克。缺镁地区的葡萄园每亩施硫酸镁 20~25 千克；缺硼葡萄园每亩施硼砂 2~4 千克。

2）催条肥。催条肥又称壮蔓肥，主要是促进新梢生长。如果施用不当，新梢生长过于旺盛，会诱发花期病害，加重落花落果。

催条肥一般选用三元复合肥，长势偏弱也可选用尿素。施肥时间一般是萌芽至开花期的中期，一般情况以萌芽后 25~30 天，新梢长出 7~8 片叶为适宜时期。要根据树势确定施肥量，一般每亩施三元复合肥 10~15 千克或尿素 5~7.5 千克。

一般情况下，有核品种无核化栽培和特殊配方激素处理的品种（如醉金香等）、坐果偏好的品种（如京秀、黑蜜等）、促使落果栽培的品种（如无核白鸡心等）、需肥量较多坐果好的品种（如藤稔等）等需要施用催条肥。而坐果不好的品种（如巨峰等）、易单性结实的品种（如甬优 1 号等）、长势特旺的品种（如美人指等）等一般不用催条肥。

3）膨果肥。膨果肥又称果实第一膨大肥，此期施肥主要目的是继续促使果肉细胞分裂，促使果粒膨大。果实第一膨大期是葡萄吸收氮、磷、钾营养最多的时期，膨果肥也是除基肥外施肥最多的。

膨果肥一般以三元复合肥、硫酸钾为主，配施尿素。三元复合肥最好选用高钾型复合肥，最好不选用高磷型复合肥。基肥没有施用有机肥的，膨果肥也可以施用腐熟有机肥。

膨果肥一般分 2 次施用，每次施此期施肥总量的一半。第一次在多数品种生理落果基本结束时施用，即开花后 15~18 天；大棚促成栽培开花期超过 10 天的应推迟 2~4 天施用。而坐果偏好的品种（如京秀等）可在开花后 8~10 天施用，坐果正常的品种、长势比较弱的品种可在开花后 11~15 天施用，有核品种无核化栽培和激素保果的品种（如醉金香等）可在开花后 8~10 天施用，促使落果栽培的品种（如无核白鸡心等）可在

开花后 8~10 天施用。第二次施肥一般在第一次施肥后 10~12 天。

施用膨果肥时，一般每亩施三元复合肥 40~50 千克、硫酸钾 30 千克。根据品种需肥特性、挂果量和树体长势适当调整：需肥较多的品种、挂果量多的品种、长势中等或偏弱的葡萄园可配施尿素 10~15 千克；没有施过有机肥的葡萄园可配施充分腐熟有机肥 500~1000 千克。

4）着色肥。着色肥又称果实第二膨大肥，主要目的是促使果粒膨大，提高含糖量，改善果品质量。一般早熟、特早熟品种可不施着色肥。

着色肥一般在硬核期施用，即早熟品种见花后 45 天左右，中熟品种见花后 50 天左右，晚熟品种见花后 55 天左右。施肥后间隔 20 天左右施第二次。

多数品种每亩施硫酸钾 20 千克左右；长势中等或偏弱的晚熟品种、中熟品种挂果偏多的葡萄园，每亩施硫酸钾 20 千克左右，配施三元复合肥 10~15 千克；中熟偏晚和晚熟品种，应施 2 次着色肥，第二次可每亩施硫酸钾 15 千克。

5）采果肥。采果肥目的是补充树体消耗的营养物质，使树体保持健壮，为下一年稳产、优质奠定基础。多数早熟、中熟、晚熟偏中的品种等需要施采果肥，而晚熟品种和特晚熟品种、长势旺盛的早熟和中熟品种等不必施采果肥。

采果肥一般是中熟品种在采收后 10 天施用，早熟品种应在采收后 20 天施用。一般选用三元复合肥或尿素，一般葡萄园每亩施三元复合肥 10~15 千克或尿素 7.5~10 千克；挂果多、采收后树势弱的葡萄园可每亩施三元复合肥 10~15 千克和尿素 7.5~10 千克，或每亩施尿素 10~15 千克。

（3）根外追肥　在根外追肥上，葡萄树生长不同时期对肥料需求的种类也有所不同，见表 4-12。

表 4-12　葡萄树根外追肥的时期与作用

肥料种类	剂量	时期	作用
硼砂	0.1%~0.3%	开花前	提高坐果率
硼酸	0.05%~0.1%	开花前	提高坐果率
尿素	0.2%~0.3%	生长前期	补充氮素，促进生长
磷酸二氢钾	0.2%~0.5%	浆果膨大期	提高果实品质
草木灰浸出液	3%	着色期	提高果实品质

（续）

肥料种类	剂量	时期	作用
过磷酸钙浸出液	1%～3%	着色期	提高果实品质
硫酸锌	0.3%	萌芽前	防止小叶病
硫酸亚铁	0.2%～0.5%	萌芽前	防止黄叶病
硝酸钙	2%～3%	坐果期	增加果实硬度

第二节　葡萄营养诊断施肥技术

营养诊断是通过植株分析、土壤分析及其生理生化指标的测定，以及植物的外观形态观察等途径对植物营养状况进行客观的判断，从而指导科学施肥、改进管理措施的一项技术。对葡萄进行营养诊断的途径主要有缺素的外观形态诊断、土壤分析、叶片分析及其他一些理化性状的测定等。

一、葡萄的外观形态诊断

葡萄的外观形态诊断是短时间内了解葡萄树体营养状况的一个好方法，简单易行，快速实用。

1. 葡萄缺素症检索表

葡萄缺素症检索方法如下：

（1）病症在衰老组织中先出现

1）老组织中不易出现斑点。

① 新叶呈浅绿色，老叶黄化焦枯，早衰……………………缺氮

② 茎叶呈暗绿色或紫红色，生长发育期延迟………………缺磷

2）老组织中易出现斑点。

① 叶尖及边缘枯焦，并出现斑点，症状随生长发育期延长而加重……………………………………………………………缺钾

② 叶小，簇生，叶面斑点可能先在主脉两侧出现，生长发育期延迟……………………………………………………………缺锌

③ 叶脉间明显失绿，出现清晰网状脉，有多种色泽的斑点或斑块…缺镁

（2）病症在新生的幼嫩组织中出现

1）顶芽易枯死。

① 叶尖呈弯钩状，并黏在一起，不易伸展……………………缺钙

② 茎、叶柄粗壮，薄脆易碎裂，花朵发育异常，生长发育期延长…缺硼

2）顶芽不易枯死。

① 新叶黄化，均匀失绿，生长发育期延迟……………………缺硫

② 叶脉间失绿，出现褐色斑点，组织有坏死…………………缺锰

③ 嫩叶萎蔫，有白色斑点，花朵、果实发育异常……………缺铜

④ 叶脉间失绿，严重时整个叶片黄化甚至变白………………缺铁

⑤ 幼叶黄绿，脉间失绿并肿大，叶片畸形，生长缓慢…………缺钼

2. 葡萄缺素症的形态比较和鉴别

根据现有的资料从多方面归纳出各种葡萄缺素症的种种表现，见表4-13，方便科技人员及种植户能及时做出正确判断，及早加以矫正。

表 4-13 葡萄缺素症的形态比较和鉴别

形态变化		可能涉及元素
项目	比较	
影响部位	全株	氮（硫）
	大体在老叶上	钾、镁、磷、钼
	大体在新叶上	钙、硫、铜、铁、锰、锌
植株高度，叶片大小	正常	硫、铁、锰、镁
	轻度降低（减小）	氮、磷、钾、钙、硼、铜
	严重降低（减小）	锌、钼
叶的形状	正常	氮、磷、钾、镁、铁
	轻度畸形	钼、铜
	严重畸形	硼、锌
分蘖	正常	镁、钾
	少	锌
	很少	磷、氮
叶的结构（组织）	正常	氮、磷、钾、硫、铁
	硬化或易碎	镁、钼
	高度易碎（非常脆）	硼
失绿	正常	磷
	叶脉间或多斑点	镁、钾、锰、锌
	整个叶片	氮、硫、镁、铜

（续）

形态变化		可能涉及元素
项目	比较	
坏死（枯斑）	无至轻度	氮、磷、硫、镁、锌、铁、锰
	严重	钾、钙、硼
畸形果实①	无	氮、磷、钾、镁、锌、铁、锰
	果实残缺②	钙、硼、铜
引起病害程度	无	
	影响不大	氮、硫、镁、锌
	影响大	钾、磷、钙

① 氮、磷、钾不足可能导致果实质量差。

② 果实残缺表现为开裂、流胶现象和果实内部发黑。

3. 葡萄外观形态诊断要点

葡萄树因缺素所表现出来的症状易于混淆，不容易判断。可在了解各种单个元素的缺素症的基础上，按照下列顺序进行检查，才能得到正确结论。

（1）组织（叶片）的位置 观察症状表现的叶片位置是新叶还是老叶，这是诊断的重要依据。可依据元素的性质并按照移动性分为两类：第一类是氮、磷、钾、镁、锌等在作物体内易移动的元素，当出现养分供应不足时，该类元素可以从老叶转移到新叶部分，因此出现症状首先在下部的老叶上。第二类则相反，主要是钙、硼、硫、锰、铜、铁、钼等在体内移动性差的元素，当出现养分供应不足时，症状首先出现在新生组织上。

（2）整株还是局部 第一类元素又可根据老组织中出现斑点的容易程度分为两类。不易出现斑点的有氮、磷等，易出现的有钾、锌、镁等。上述检查完成后，才是具体症状的鉴别，以缺钾、缺镁为例：叶脉间明显失绿，出现清晰网状脉，有多种色泽斑点或斑块为缺镁；叶尖及边缘枯焦，并出现斑点，症状随生长发育期延长而增加为缺钾。

再看第二类元素，共性症状出现在植株的幼嫩叶片上，生长缓慢，其次又可分为顶芽继续生长的如缺锰、硫、铜、铁、钼；顶芽易枯死的如钙和硼。顶芽继续生长的锰、硫、铜、铁、钼，又可以根据具体症状分别对待：新叶黄化，失绿均一，生长发育期延迟是缺硫；叶脉间失绿，出现褐

色斑点，组织有坏死是缺锰；嫩叶萎蔫，有白色斑点，花朵、果实发育异常是缺铜；叶脉间失绿，严重时整个叶片黄化甚至变白是缺铁；幼叶黄绿，脉间失绿并肿大，叶片畸形，生长缓慢是缺钼。而顶芽易枯死的如钙和硼，也可以根据具体症状分别对待：叶尖弯钩状，并黏在一起，不易伸展为缺钙；茎、叶柄粗壮，薄脆易碎裂，花朵发育异常，生长发育期延长的为缺硼。

4. 葡萄缺素症诊断与补救

葡萄缺素症诊断与补救办法见表 4-14。

表 4-14　葡萄缺素症诊断与补救办法

营养元素	缺素症状	补救办法
氮	葡萄缺氮，叶片会失绿黄化，叶小而薄，新梢生长缓慢。缺氮严重时，叶肉全部变白，枝蔓细弱节短，果穗松散，成熟不齐，产量降低（彩图 13）	叶面喷施 0.3%~0.5%的尿素溶液 2~3 次
磷	葡萄缺磷时，叶片向上卷曲，缺磷的初期症状是叶片出现浅浅的红色，逐渐变为紫斑，副梢生长衰弱，叶片早期脱落，花序柔嫩，花梗细长，落花落果严重；果实在成熟期一半红一半绿，也是因为缺磷（彩图 14）	叶面喷施 0.3%~0.5%的磷酸二氢钾溶液或 2.0%的过磷酸钙溶液
钾	葡萄缺钾时，基部老叶边缘和叶脉失绿黄化，扩展成黄褐色斑块，严重时叶缘呈烧焦状；植株矮小，枝蔓发育不良，脆而易断，抗病能力降低；果实粒小而少、味酸、着色不良，果皮易裂，果梗褐变，成熟不整齐，同时易落果（彩图 15）	叶面喷施 1%的磷酸二氢钾溶液 2~3 次或 1%~1.5%的硫酸钾溶液 2~3 次
钙	葡萄缺钙时，细胞壁变薄，在高压高渗情况下，细胞壁破裂，营养水外渗。叶片生理充水，由于缺钙细胞壁过薄，在高渗情况下，尤其是浇完水以后，水就会顺着叶脉渗到叶肉中间，形成水渍状；干了之后，叶脉变成红褐色，幼叶脉间及叶缘褪绿，随后，在靠近叶缘处，出现针头大小的斑点，茎蔓顶端先枯。新根短粗而弯曲，尖端容易变褐枯死。缺钙还会使果粒肚脐眼的地方裂果（彩图 16）	叶面喷施 0.2%~0.3%的氯化钙溶液 3~4 次

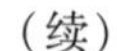

（续）

营养元素	缺素症状	补救办法
镁	葡萄缺镁时，老叶脉间失绿，以后发展成为棕色枯斑，易早落，中后期叶片症状为虎皮叶；缺镁对果粒大小和产量的影响不明显，但浆果上色差，成熟期推迟，糖分低，使果实品质明显降低（彩图 17）	叶面喷施 3%～4%的硫酸镁溶液 3～4 次
铁	葡萄缺铁时，枝梢叶片黄白，叶脉残留绿色，新叶生长缓慢，老叶仍保持绿色；严重缺铁时，整树叶缘干枯，叶片由上而下逐渐干枯脱落。果实色浅粒小，基部果实发育不良（彩图 18）	叶面喷施 0.5%的硫酸亚铁溶液，或树干注射 1%～3%的硫酸亚铁溶液 3～4 次
锌	葡萄缺锌时，夏初新梢旺盛生长时表现为叶斑驳；新梢和副梢生长量小，叶片小，节间短，梢端弯曲，叶片基部裂片发育不良，叶柄洼浅，叶缘无锯齿或少锯齿；坐果率低，果粒大小不一，常出现保持坚硬、绿色、不发育、不成熟的“豆粒”果（彩图 19）	叶面喷施 300 毫克/千克的环烷酸锌乳剂或 0.2%～0.3%的硫酸锌溶液 3～4 次
锰	葡萄缺锰时，最初主脉和侧脉间变为浅绿色至黄色，黄化面积扩大时，大部分叶片在主脉之间失绿，而侧脉之间仍保持绿色	叶面喷施 0.3%的硫酸锰溶液 2～3 次
硼	葡萄缺硼时，引起果实大小粒，一般小粒果实没有种子或仅有一粒种子，花帽不易掉，坐果少，严重缺硼的果园还可以看到叶片有西瓜皮样花叶或对太阳照有花斑，生长迟缓，新梢生长慢；叶脉间出现黄化，叶面凹凸不平，或向背面翻卷。最主要表现是新梢顶端嫩叶出现浅黄色小斑点（彩图 20）	叶面喷施 0.1%～0.2%的硼砂或硼酸溶液 2～3 次

二、葡萄的土壤分析诊断

土壤分析诊断是通过分析土壤质地（表 4-15）、土壤养分状况（表 4-16）等变化，得出土壤养分供应状况、植物吸收水平及养分的亏缺程度，从而选择适宜的肥料补充养分的不足。

表 4-15　土壤质地的手测法判断表

质地名称	干燥状态下在手指间挤压或摩擦的感觉	在湿润条件下揉搓塑形时的表现
砂土	几乎由砂粒组成，感觉粗糙，研磨时沙沙作响	不能成球形，用手捏成团，但一解即散，不能成片
砂壤土	砂粒为主，混有少量黏粒，很粗糙，研磨时有响声，干土块用小力即可捏碎	勉强可成厚而极短的片状，能搓成表面不光滑的小球，不能搓成条
轻壤土	干土块稍用力挤压即碎，手捻有粗糙感	片长不超过1厘米，片面较平整，可成直径约为3毫米的土条，但提起后易断裂
中壤土	干土块用较大力才能挤碎，为粗细不一的粉末，砂粒和黏粒的含量大致相同，稍感粗糙	可成较长的薄片，片面平整，但无反光，可以搓成直径约为3毫米的小土条，弯成直径为2~3厘米的环形时会断裂
重壤土	干土块用大力才能破碎成为粗细不一的粉末，黏粒的含量较多，略有粗糙感	可成较长的薄片，片面光滑，有弱反光，可以搓成直径约为2毫米的小土条，能弯成直径为2~3厘米的环形，压扁时有裂缝
黏土	干土块很硬，用力不能压碎，细而均一，有滑腻感	可成较长的薄片，片面光滑，有强反光，可以搓成直径约为2毫米的细条，能弯成直径为2~3厘米的环形，且压扁时无裂缝

表 4-16　土壤养分状况诊断表

项目	较低	低	中等	高	很高
有机质/(克/千克)	<5	5~<10	10~<30	30~<60	≥60
碱解氮/(毫克/千克)	<50	50~<70	70~<90	90~<110	≥110
速效磷/(毫克/千克)	<3	3~<8	8~<15	15~<20	≥20
速效钾/(毫克/千克)	<30	30~<80	80~<150	150~<200	≥200
有效铜/(毫克/千克)	<0.8	0.8~<1.5	1.5~<4	4~<8	≥8

（续）

项目	较低	低	中等	高	很高
有效锌/(毫克/千克)	<1.2	1.2~<2.5	2.5~<5	5~<10	≥10
有效钼/(毫克/千克)	<0.1	0.1~<0.15	0.15~<0.2	0.2~<0.3	≥0.3
有效硼/(毫克/千克)	<0.2	0.2~<0.5	0.5~<1	1~<2	≥2
有效锰/(毫克/千克)	<25	25~<50	50~<100	100~<200	≥200
有效铁/(毫克/千克)	<40	40~<80	80~<200	200~<400	≥400

由于土壤分析诊断受到天气条件、土壤水分、通气状况、元素间相互作用等影响，使得土壤分析难以直接准确地反映植株的养分供求状况，但是这对于新建葡萄园和苗圃是必不可少的。对成龄葡萄园来说，土壤分析诊断既能表示出各种元素的供应情况，又能为葡萄外观形态诊断及其他诊断提供一些线索，还可以帮助找到葡萄园缺素的诱因，提出缺素症的限制因子，印证营养诊断结果。因此，将土壤分析和外观形态诊断结合应用才有最大价值。

三、葡萄叶片分析诊断

主要根据葡萄树体的长势长相及枝条、叶片、果实、根系等特有的症状来判断某些元素的盈亏，并以此来指导施肥。一般选取代表植株5~10株，再在每株上选外围新梢10~20个，在各新梢中部选1片叶，共100片完整叶片进行营养分析，将分析结果与表4-17中的指标相比较，诊断葡萄树体营养状况。

表4-17　葡萄叶片分析诊断表

元素	成熟叶片含量	
	正常	缺乏
氮	21~39克/千克	<18克/千克
磷	1.4~4.1克/千克	<1.4克/千克
钾	4.5~13克/千克	<2.5克/千克
钙	12.7~139克/千克	<4克/千克
镁	2.3~10.8克/千克	<1.2克/千克
铁	30~100毫克/千克	<20毫克/千克

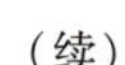

（续）

元素	成熟叶片含量	
	正常	缺乏
锌	5~25 毫克/千克	<3 毫克/千克
锰	50~150 毫克/千克	<50 毫克/千克
硼	20~100 毫克/千克	<6 毫克/千克

第三节　葡萄营养套餐施肥技术

近年来，农业农村部推广测土配方施肥技术采取“测土、试验、配方、配肥、供肥、施肥指导”一条龙服务的技术模式，因此，引入人体健康保健营养套餐理念，在测土配方施肥技术基础上建立作物营养套餐施肥技术，在提高或稳定作物产量的基础上，改善作物品质、保护生态环境，为农业可持续发展做出相应的贡献。

一、葡萄营养套餐施肥技术的理念、创新和内涵

葡萄营养套餐施肥技术是借鉴人体营养保健营养套餐理念，考虑人体营养元素与葡萄必需营养元素的关系，在测土配方的基础上，在养分归还学说、最小养分律、因子综合作用律等施肥基本理论指导下，按照葡萄树生长营养吸收规律，综合调控葡萄树生长发育与环境的关系，对农用化学品投入进行科学的选择、经济的配置，为实现高产、高效、安全的栽培目标统筹考虑栽培管理因素，以最佳的配置、最少的投入、最优的管理，达到最高的产量。

1. 葡萄营养套餐施肥技术的基本理念

葡萄营养套餐施肥技术是在总结和借鉴国内外作物科学施肥技术和综合应用最新研究成果的基础上，根据葡萄需肥规律，针对葡萄主产区的土壤养分特点、结构性能差异、最佳栽培条件，以及高产量、高质量、高效益的现代农业栽培目标，引入人体营养套餐理念，精心设计出的系统化的施肥方案。其核心理念是实现各种养分资源的科学配置及高效综合利用，让葡萄“吃出营养”“吃出健康”“吃出高产高效”。

2. 葡萄营养套餐施肥技术的技术创新

葡萄营养套餐施肥技术有两大创新：①从测土配方施肥技术中走出了

简单掺混的误区，不仅仅是在测土的基础上设计葡萄树需要的大、中、微量元素的数量组合，更重要的是为了满足葡萄树养分需求中有机营养和矿质营养的定性配置。②营养套餐施肥方案中，除了传统的根部施肥配方外，还强调配合施用高效专用或通用的配方叶面肥，使两种施肥方式互相补充，起到施肥增效作用。

3. 葡萄营养套餐施肥技术与测土配方施肥技术的区别

葡萄营养套餐施肥技术与测土配方施肥技术的区别主要体现在：①测土配方施肥技术是以土壤为中心，营养套餐施肥技术是以葡萄为中心。营养套餐施肥技术强调葡萄与养分的关系，因此，要针对不同的土壤理化性质、果树特性，制定多种配方，真正做到按土壤、按果树科学施肥。②测土配方施肥技术施肥方式单一，营养套餐施肥技术施肥方式多样。营养套餐施肥技术实行配方化底肥、配方化追肥和配方化叶面肥三者结合，属于系统工程，要做到不同的配方肥料产品之间和不同的施肥方式之间的有机结合，才能做到增产提效、科学施肥。

4. 葡萄营养套餐施肥技术的技术内涵

葡萄营养套餐施肥技术是通过引进和吸收国内外有关葡萄树营养科学的最新技术成果，融肥料效应田间试验、土壤养分测试、营养套餐配方、农用化学品加工、示范推广服务、效果校核评估为一体，组装技物结合连锁配送、技术服务到位的测土配方与营养套餐系列化平台，逐步实现营养套餐施肥技术的规范化、标准化。其技术内涵主要表现在以下方面：

（1）提高葡萄树对养分的吸收能力　众所周知，葡萄树生长所需要的养分主要通过根系吸收；但也能通过茎、叶等根外器官吸收养分。因此，促进葡萄树根系生长就能够大大提高养分的吸收利用率。通过合理施肥、植物生长调节剂、菌肥菌药，以及适宜的农事管理措施，均能有效促进根系生长。如德国康朴集团的“凯普克”、华南农业大学的“根得肥”、云南金星化工有限公司的“高活性有机酸水溶肥”和PPF、新疆慧尔农业有限公司的氨基酸生物复混肥等。

（2）解决养分的科学供给问题

1）有机肥与无机肥并重。在葡萄营养套餐肥料中一个极为重要的原则就是有机肥与无机肥并重，才能极大地提高肥效及经济效益，实现农业“高产、优质、高效、生态、安全”目标。有机肥料是耕地土壤有机质的主要来源，也是葡萄养分的直接供应者。大量的实践表明，有机肥料在供应作物有效营养成分和增肥改良土壤等方面的独特作用是化学肥料无法代

替的。有机肥料是完全肥料，可补给和更新土壤有机质，改善土壤理化性状，提高土壤微生物活性和酶的活性，提高化肥的利用率，刺激生长，果实改善品质，提高作物的质量。葡萄营养套餐施肥技术的一个重要内容就是在底肥中配置一定数量的生态有机肥、生物有机肥等精制商品有机肥，实施有机肥与无机肥并重的施肥原则，实现补给土壤有机质、改良土壤结构、提高化肥利用率的目的。

2）保证大量元素和中、微量元素的平衡供应。只有在大、中、微量养分平衡供应的情况下，才能大幅度提高养分的利用率，增进肥效。然而，随着农业的发展，微量元素的缺乏问题日益突出。其主要原因是：葡萄产量越高，微量元素养分的消耗就越多；氮、磷、钾化肥用量的增加，加剧了养分平衡供应的矛盾；有机肥料用量减少，微量元素养分难以得到补充。

3）微量元素肥料的补充坚持根部补充与叶面补充相结合，充分重视叶面补充的重要性，喷施复合型微量元素肥料增产效果显著。复合型多元微量元素肥料含有葡萄所需的各种微量元素养分，它不仅能全面补充微量元素养分，还体现了养分的平衡供给。对于微量元素铁、硼、锰、锌、钼来说，由于葡萄树对它们的需要量很少，叶面施肥对于满足葡萄树对微量元素的需要有着特别重要的意义。总之，从养分平衡和平衡施肥的角度出发，在葡萄营养套餐施肥技术中，十分重视在科学施用氮、磷、钾化肥的基础上，合理施用微肥和有益元素肥，这将是21世纪提高葡萄产量的一项重要的施肥措施。

（3）灵活运用多个施肥技术是葡萄营养套餐技术的重要内容

1）营养套餐施肥技术是肥料种类（品种）、施肥量、养分配比、施肥时期、施肥方法和施肥位置等多项技术的总称。其中每一项技术均与施肥效果密切相关。只有在平衡施肥的前提下，各种施肥技术之间相互配合，互相促进，才能发挥肥料的最大效果。

2）大量元素肥料因为葡萄树需要量大，应以基肥和追肥为主，基肥应以有机肥料为主，追肥应以氮磷钾肥为主。肥效长且土壤中不易损失的肥料品种可以作为基肥施用。在北方地区，磷肥可以在底肥中一次性施足，钾肥可以在底肥和追肥中各安排一半，氮肥根据肥料品种的肥效长短和葡萄树的生长周期的长短来确定。底肥中，一般要选用肥效长的肥料，如大颗粒尿素或以大颗粒尿素为原料制成的复混肥料。硝态氮肥和碳酸氢铵就不宜在底肥中大量施用。追肥可以选用速效性肥料（特别是硝态氮肥）。

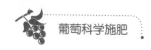

3）因为葡萄对微量元素的需要量小，所以要坚持根部补充与叶面补充相结合，充分重视叶面补充。

4）在氮肥的施用上，提倡深施覆土，反对撒施肥料。对于葡萄树来说，先撒肥后浇水只是一种折中的补救措施。

5）化肥的施用量是个核心问题，要根据葡萄树具体的营养需求和各个时期的需肥特点，确定合理的化肥施用量，真正做到因树施肥，按需施肥。

6）在考虑底肥的施用量时，要统筹考虑追肥和叶面肥选用的品种和用量，应做到各品种间互相配合，互相促进，真正起到“1+1+1>3”的效果。

（4）坚持技术集成的原则，简化施肥程序与成本 农业生产是一个多种元素综合影响的系统工程，农业的高产、优质、高效只能是各种生产要素综合作用和最佳组合的结果。施肥技术在不断创新，新的肥料产品在不断涌现，源源不断地为农业生产提供了增产增收的条件。要实现新产品、新技术的集成运用，相容互补，需要一个最佳的物化载体。农化人员在长期、大量的工作实践中发现，葡萄营养套餐专用肥是实施葡萄营养套餐施肥的最佳物化载体。

葡萄营养套餐专用肥是根据耕地土壤养分实际含量和葡萄的需肥特点，有针对性地配置生产的一种多元素掺混肥料。具有以下几个特点：①配方灵活，可以满足葡萄营养套餐配方的需要。②生产设备投资小，生产成本低，竞争力强。年产 10 万吨的复合肥生产造粒设备需要 500 万元，同样年产 10 万吨葡萄营养套餐专用肥设备仅需 50 余万元。复合肥造粒成本为 120～150 元/吨，而葡萄营养套餐专用肥仅为 20～50 元/吨，而且能源消耗少，每产 1 吨肥仅耗电 15 千瓦时。在能源日趋紧张的今天，这无疑是一条降低成本的有效途径，同时还减少了肥料中养分的损耗。③葡萄营养套餐专用肥养分利用率高，有利于保护环境。由于这种产品的颗粒大，养分释放较慢，肥效稳定长久，利于作物吸收，因而可以减少肥料养分淋失，减少污染。④添加各种新产品比较容易。葡萄营养套餐专用肥的生产工艺属于一种纯物理性质的搅拌（掺混）过程，只要解决了共容性问题，就可以方便地添加各种中微量元素、各种控释尿素、硝态氮肥、各种有机物质，能够实现新产品的集成运用，形成相容互补的有利局面，能够真正帮助农民实现“只用一袋子肥料种地，也能实现增产增收”的梦想。

二、葡萄营养套餐施肥的技术环节

葡萄营养套餐施肥的重点技术环节主要包括：土壤样品的采集、制备与养分测试（参见测土配方施肥技术），肥料效应田间试验，测土配方营养套餐施肥的效果评价方法，县域施肥分区与营养套餐设计，葡萄营养套餐施肥技术的推广普及等。

1. 肥料效应田间试验

（1）示范方案　每1万亩测土配方营养套餐施肥田设2~3个示范点，进行田间对比示范。示范点设置常规施肥对照区和测土配方营养套餐施肥区2个处理，另外加设1个不施肥的空白处理。其中测土配方营养套餐施肥、农民常规施肥处理不少于200米^2，空白（不施肥）处理不少于30米^2。其他参照一般肥料试验要求。通过田间示范，综合比较肥料投入、葡萄产量、经济效益、肥料利用率等指标，客观评价测土配方营养套餐施肥效益，为测土配方营养套餐施肥技术参数的校正及进一步优化肥料配方提供依据。田间示范应包括规范的田间记录档案和示范报告。

（2）结果分析与数据汇总　对于每个示范点，可以利用3个处理之间产量、肥料成本、产值等方面的比较，从增产和增收等角度进行分析，同时也可以通过测土配方营养套餐施肥实际产量与计划产量之间的比较进行参数校验。

（3）农户调查反馈　农户是测土配方营养套餐施肥的具体应用者，通过收集农户施肥数据进行分析是评价营养套餐施肥效果与技术准确度的重要手段，也是反馈修正肥料配方的基本途径。因此，需要进行农户测土配方施肥的反馈与评价工作。该项工作可以由各级配方施肥管理机构组织进行独立调查，结果可以作为营养套餐配方施肥执行情况评价的依据之一，也是社会监督和社会宣传的重要途径，甚至可以作为配方技术人员工作水平考核的依据。

1）测土样点农户的调查与跟踪。根据葡萄栽培情况每县选择30~50个农户，填写农户测土配方施肥田块管理记载反馈表，留作测土配方施肥反馈分析。反馈分析的主要目的是评价测土农户执行配方施肥推荐的情况和效果、建议配方的准确度。具体分析方法见下面测土配方施肥的效果评价方法。

2）农户施肥调查。每县选择100户左右的农户，开展农户施肥调查，最好包括测土配方农户和常规施肥农户。主要目的是评价配方施肥与常规施肥相比的效益，具体方法见下面测土配方施肥的效果评价方法。

2. 测土配方营养套餐施肥的效果评价方法

（1）测土配方营养套餐施肥农户与常规施肥农户比较 从养分投入量、葡萄产量、效益方面进行评价。通过比较两类农户氮、磷、钾养分投入量来检验测土配方营养套餐施肥的节肥效果，也可利用结果分析与数据汇总的方法计算测土配方营养套餐施肥的增产率、增收情况和投入产出效率。

（2）农户执行测土配方营养套餐施肥前后的比较 从农民执行测土配方施肥前后的养分投入量、葡萄产量、效益方面进行评价。通过比较农户采用测土配方施肥前后氮、磷、钾养分投入量来检验测土配方营养套餐施肥的节肥效果，也可利用结果分析与数据汇总中的方法计算测土配方营养套餐施肥的增产率、增收情况和投入产出效率。

（3）测土配方营养套餐施肥准确度的评价 从农户和葡萄两方面对测土配方营养套餐施肥技术准确度进行评价。主要通过比较测土配方施肥推荐的目标产量和实践执行测土配方施肥后获得的产量来判断技术的准确度，找出存在的问题和需要改进的地方，包括推荐施肥方法是否合适、采用的配方参数是否合理、丰缺指标是否需要调整等。也可以作为配方人员技术水平的评价指标。

3. 县域施肥分区与营养套餐设计

（1）收集与分析研究有关资料 葡萄营养套餐施肥技术的涉及面极广，例如，土壤类型及其养分供应特点、当地的种植业结构、各品种葡萄的需肥规律、葡萄树产量状况及发展目标、现阶段的土壤养分含量、农民的习惯施肥做法等，无不关系到技术推广的成败。要搞好测土配方营养套餐施肥，就必须大量收集与分析研究有关资料，才能做出正确的科学施肥方案。例如，当地的第二次土壤普查资料、葡萄树的种植生产技术现状、农民现有施肥特点、葡萄养分需求状况、肥料施用及葡萄生产技术的田间试验数据等，尤其是当地的土地利用现状图、土壤养分图等更应关注，这些可作为县域施肥分区制定的重要参考资料。

（2）确定研究区域 所谓确定研究区域，就是按照本区域的主栽葡萄品种及土壤肥力状况，分成若干县域施肥区域，根据各类施肥区内的测土化验资料（没有当时的测试资料也可参照第二次土壤普查的数据）和肥料田间试验结果，结合当地农民的实践经验，确定该区域的营养套餐施肥技术方案。具体应用时，一般以县为单位，按其自然区域及主栽

葡萄品种分为几个套餐配方施肥区域，每个区又按土壤肥力水平分成若干个施肥分区，并分别制定分区内（主栽葡萄品种）的营养套餐施肥技术方案。

（3）县级土壤养分分区图的制作　县级土壤养分分区图制作的基础资料是分区区域内的土壤采样分析测试资料。如果资料不够完整，也可参照第二次土壤普查资料及肥料田间试验资料编制，即先将该分区内的土壤采样点标在施肥区域的土壤图上，并综合大、中、微量元素含量制订出整个分区的土壤养分含量的标准。例如，某县东部（或东北部）中氮高磷低钾缺锌，西部（或西北部）低氮中磷低钾缺锌、硼，北部（西北部）中氮中磷中钾缺锌等，并大致勾画出大部分元素变化分区界线，形成完整的县域养分分区图。原则上，每个施肥分区可以分成2~3个推荐施肥单元，用不同颜色分界。

（4）施肥分区和营养套餐方案的形成　根据当地的葡萄树栽培目标及养分丰缺现状，并认真考虑影响该品种产量、品质、安全的主要限制因子等，就可以科学制订当地施肥分区的营养套餐施肥技术方案了。

葡萄营养套餐施肥技术方案应根据如下内容制订：当地主栽葡萄品种的养分需求特点，当地农民的现行施肥的误区，当地土壤的养分丰缺现状与主要增产限制因子，营养套餐施肥技术方案。

营养套餐施肥技术方案包括以下内容：①基肥的种类及推荐用量；②追肥的种类及推荐用量；③叶面肥的喷施时期与种类、用量推荐；④主要病虫草害的有效农用化学品投入时间、种类、用量及用法；⑤其他集成配套技术。

4. 葡萄营养套餐施肥技术的推广普及

（1）组织实施　以县、镇农技推广部门为主，企业积极参与，成立营养套餐施肥专家技术服务队伍；以点带面，推广营养套餐施肥技术；建立葡萄营养套餐施肥技物结合、连锁配送的生产、供应体系；按照“讲给农民听、做给农民看、带着农民干”的方式，开展果树营养套餐施肥技术的推广普及工作。

（2）宣传发动　广泛利用多媒体宣传；层层动员和认真落实，让葡萄营养套餐施肥技术进村入户；召开现场会，扩大葡萄营养套餐技术影响。

（3）技术服务　培训葡萄营养套餐施肥专业技术队伍；培训农民科技示范户；培训广大农民；强化产中服务，提高技术服务到位率。

三、葡萄营养套餐肥料的生产

葡萄营养套餐肥料是一种肥料组合，往往包括葡萄营养套餐专用底肥、专用追肥、专用根外追肥等。

1. 葡萄营养套餐肥料的特点

葡萄营养套餐肥料是根据葡萄树营养需求特点，考虑到最终为人体营养服务，在增加产量的基础上，能够改善农产品品质，确保农产品安全，减少环境污染，减少农业生产环节，并能提供多种营养需求的组合肥料。它属于多功能肥料，不仅具有提供葡萄树养分的功能，往往还具有一些附加功能；也属于新型肥料范畴，不仅含有氮、磷、钾和中、微量元素，往往还有有机生长素、增效剂、添加剂等功能性物质。试验应用证明，葡萄营养套餐肥料对现代农业生产具有重要的作用。

（1）提高耕地质量 由于葡萄营养套餐肥料产品中含有有机物质或活性有机物物质和葡萄树需要的多种营养元素，具有一定的保水性和改善土壤理化性状、改善葡萄根系生态环境的作用，施用后可增加葡萄产量，增加留在土壤中的残留有机物，对提高土壤有机质含量、增加土壤养分供应能力、提高土壤保水性、改善土壤宜耕性等方面都有良好作用。

（2）提高产量、贮藏性等 葡萄营养套餐肥料是在测土配方施肥技术的基础上，根据某个地区葡萄树的需要生产的一个组合肥料，考虑到根部营养和后期叶部营养，营养全面，功能多样化，因此，施用后在改良土壤的基础上优化葡萄根系生态环境，能使葡萄树生长发育健壮，促进产量提高。

（3）改善果树品质 葡萄品质主要是指果品的营养成分、安全品质和商品品质。营养成分是指蛋白质、氨基酸、维生素等营养成分的含量，安全品质是指化肥、农药的有害残留多少，商品品质是指外观与贮藏性等。这些都与施肥有密切关系。施用葡萄营养套餐肥料，可促进葡萄品质的改善，如增加蛋白质、维生素、脂肪等营养成分，提高果品的外观色泽和贮藏性等。

（4）确保果品安全，减少环境污染 葡萄营养套餐肥料考虑了土壤、肥料、作物等多方面关系，考虑了有机营养与无机营养、营养物质与其他功能性物质、根际营养与叶面营养等配合施用，因此肥料利用率高，可以减少肥料的损失和残留；同时，肥料中的有机物质或活性微生物能够减少化肥、农药等有害物质的残留，减少污染，确保果品安全和保护农业生态

环境。

（5）多功能性　葡萄营养套餐肥料考虑了大量元素与中、微量元素相结合，肥料与其他功能物质相结合，可做到一品多用，施用1次肥料即可发挥多种功效，肥料利用率高，可减少肥料施用次数和数量，减少了农业生产环节，降低了农事劳动强度，从而降低农业生产费用，使农民增产增收。

（6）实用性、针对性强　葡萄营养套餐肥料可根据葡萄树的需肥特点、土壤供给养分情况及种植情况，灵活确定氮、磷、钾、中量元素、微量元素、功能性物质的配方，从而形成系列多功能肥料配方。当条件发生变化时，又可以及时加以调整。对于某一具体产品，用于特定的土壤和品种的施用量、施用时期、施用方法等都有明确具体的要求，产品施用方便、安全。

2. 葡萄营养套餐肥料的类型

葡萄营养套餐肥料目前没有一个公认的分类方法，可以根据肥料的用途、性质、生产工艺等进行分类。

（1）按性质分类　可分为无机营养套餐肥料、有机营养套餐肥料、微生物营养套餐肥料、有机无机营养套餐肥料、缓释型营养套餐肥料等。

（2）按生产工艺分类　可分为颗粒掺混型、干粉混合造粒型、包裹型、流体型、熔体造粒型、叶面喷施型等。叶面喷施型又可分为液体型和固体型。

3. 葡萄营养套餐肥料的生产原料

（1）葡萄营养套餐肥料的主要原料

1）大量元素肥料。氮素肥料主要有尿素、氯化铵、硝酸铵、硫酸铵、碳酸氢铵等，可作为葡萄营养套餐肥料的生产原料。磷素原料主要有过磷酸钙、重过磷酸钙、钙镁磷肥、磷酸一铵、磷酸二铵等。钾素原料主要是硫酸钾、氯化钾、硫酸钾镁肥和磷酸二氢钾等。

2）中量元素肥料。钙肥主要采用磷肥中含钙磷肥，如过磷酸钙、重过磷酸钙、钙镁磷肥进行补充，不足的可添加石膏等。镁肥主要是硫酸镁、氯化镁、硫酸钾镁、钾镁肥、钙镁磷肥等。硫肥主要是硫酸铵、过磷酸钙、硫酸钾、硫酸镁、硫酸钾镁、石膏、硫黄、硫酸亚铁等。硅肥主要是硅酸钠、硅钙钾肥、钙镁磷肥、钾钙肥等。

3）微量元素肥料。微量元素肥料主要是一些含硼、锌、钼、锰、铁、铜等营养元素的无机盐类和氧化物。肥源有无机微肥、有机微肥和有机螯合态微肥。由于价格原因，一般选用无机微肥。

4）有机活性原料。有机活性原料主要是指含某种功能性物质的有机物经加工处理后成为具有某种活性的有机物质，也可用作葡萄营养套餐肥料的原料。有机活性原料具有高效有机肥的诸多功能：含有杀虫活性物质、杀菌活性物质、调节生长活性物质等。主要种类见表4-18。

表4-18 有机活性原料的种类

类别	有机活性原料名称
有机酸类	氨基酸及其衍生物、螯合物，腐殖酸类物质，柠檬酸等有机物
楝素类	苦楝树和川楝树的种子、枝条、叶、根
野生植物类	鸡骨草、苦豆子、苦参、除虫菊、羊角拗、百部、黄连、天南星、雷公藤、狼毒、鱼藤、苦皮藤、茼蒿、皂角、闹羊花等
饼粕类	菜籽饼、棉籽饼、蓖麻籽饼、豆饼等
作物秸秆	辣椒秸秆、烟草秸秆、棉花秸秆、番茄秸秆等

这些有机物要经过粉碎、润湿、调碳氮比、调酸碱度、加入菌剂、干燥，然后才能作为备用原料待用。

5）生物肥料。生物肥料主要有固氮菌肥料、根瘤菌肥料、磷细菌肥料、硅酸盐细菌肥料、抗生菌肥料、复合微生物肥料、生物有机肥等。

6）农用稀土。目前，我国定点生产和使用的农用稀土制品有“农乐”益植素NL系列，简称“农乐”或“常乐”，是混合稀土元素的硝酸盐，主要成分为硝酸镧、硝酸铈等，含稀土氧化物37%～40%、氧化镧25%～28%、氧化铈49%～51%、氧化铵14%～16%，其他稀土元素含量小于1%。

7）有关添加剂。主要是生物制剂、调理剂、增效剂等。

① 生物制剂，可用植物提取物、有益菌代谢物、发酵提取物等，具有防治病虫害，促进植物健壮生长，提高葡萄抗逆、抗寒和抗旱能力等功效。

② 调理剂，也称黏结剂。调理剂是指营养套餐肥料生产中加入的功能性物质，是一类具有黏结性的物质，在干燥后得到，比较紧实，通常也比较坚硬，有助于减少造粒难度。调理剂包括沸石、硅藻土、凹凸棒粉、石膏粉、海泡石、高岭土等。

③ 增效剂，是由天然物质经生化处理提取的活性物质，可提高肥料利用率，促进葡萄产量提高和品质改善。

（2）葡萄营养套餐肥料配料的原则

1）确保产品具有良好的物理性状。生产固体型营养套餐肥料时，多种肥料、功能性物质混配后应确保产品不产生不良的物理性状，如不能结块等。生产液体型营养套餐肥料时，应保证产品沉淀物小于5%，产品为清液或乳状液体。

2）确保原料的“可配性”及“塑性”。多种肥料、功能性物质的合理配伍是保证营养套餐肥料产品质量的关键。生产营养套餐肥料时，必须了解所选原料的组成成分及共存性，要求多种肥料、功能性物质之间不产生化学反应，肥效不能低于单质肥料。

原料根据各种营养元素之间的配伍性可分为三类：可混配型、不可混配型和有限混配型。可混配型的原料在混配时，有效养分不发生损失或退化，其物理性质可得到改善。不可混配型的原料在混配时可能会出现吸湿性增强，物理性状变坏；发生化学反应，造成养分挥发损失；养分由有效性向难溶性转变，导致有效成分降低。有限混配型是指在一定条件下可以混配的肥料类型。具体可参考复混肥料相关内容。

生产中使用的原料应注意其“可配性”，避免不相配伍的原料同时配伍。微量元素和稀土元素应尽量采用氨基酸螯合，避免某些元素相互拮抗，如稀土元素与有效五氧化二磷拮抗。当需要两种不相配伍的原料来配伍成营养套餐肥料时，应尽量将这两种原料分别进行预处理，使用某几种惰性物质将其隔离，相互不直接接触，便于预处理，或将其分别包裹粒化制成掺混型营养套餐肥料。当配伍的原料都不具“塑性”时，除采用含有养分元素并能与原料中一种或几种物质发生化学反应而有益于造粒外，黏结剂要选用能改良土壤的酸胺类，或采用在土壤内经微生物细菌作用能完全降解的聚乙烯醇之类的高分子化合物。

3）提高肥效。多种肥料之间及与其他功能性物质合理混配后，能表现出良好的相互增效效应。

四、主要的葡萄营养套餐肥料

目前，我国各大肥料生产厂家生产的葡萄营养套餐肥料品种主要有以下类型：一是根际施肥用的增效肥料、有机酸型专用肥及复混肥、功能性生物有机肥等；二是叶面喷施用的螯合态高活性水溶肥；三是其他一些专用营养套餐肥料，如滴灌用的长效水溶性滴灌肥、育秧用的保健型壮秧剂等。

1. 增效肥料

增效肥料是指一些化学肥料等，在基本不改变其生产工艺的基础上，增加简单设备，向肥料中直接添加增效剂所生产的增值产品。增效剂是指利用海藻、腐殖酸和氨基酸等天然物质经改性获得的、可以提高肥料利用率的物质。经过包裹、腐殖酸化等可提高单质肥料的利用率，减少肥料损失，作为营养套餐肥料的追肥品种。

（1）包裹型长效腐殖酸尿素 包裹型长效腐殖酸尿素是用腐殖酸经过活化，在少量介质参与下，与尿素包裹反应生成腐脲络合物及包裹层。产品核心为尿素，尿素的表层为活性腐殖酸与尿素反应形成络合层，外层为活性腐殖酸包裹层，包裹层量占产品的10%～20%（不同型号含量不同）。产品氮的含量大于或等于30%，有机质的含量大于或等于10%，中量元素的含量大于或等于1%，微量元素的含量大于或等于1%。

包裹型长效腐殖酸尿素是用风化煤、尿素与少量介质，在常温常压下，通过化学反应与物理过程实现腐殖酸与尿素反应而形成的。包裹型长效腐殖酸尿素同时充分发挥了腐殖酸对氮素的增效作用、生物活性及其他生态效应。产品为有机复合尿素，氮素速效和缓效兼备，属缓释型尿素，可用于制备各种缓释型专用复混肥基质。连续使用包裹型长效腐殖酸尿素后，土壤有机质含量比使用尿素高，土壤容重比使用尿素低。包裹型长效腐殖酸尿素能培肥土壤，增强农业发展后劲。包裹型长效腐殖酸尿素肥效长，氮素利用率高，增产效果明显。试验结果统计：包裹型长效腐殖酸尿素肥效比尿素长30～35天，施肥35天后在土壤中保留的氮比尿素多40%～50%；氮素利用率比尿素平均提高10.4%（相对提高38.1%）。

（2）硅包缓释尿素 硅包缓释尿素以硅肥包裹尿素，消除化肥对农产品质量的不良影响，同时提高化肥利用率，减少尿素的淋失，提高土壤肥力，方便农民使用。肥料中加入中微量元素，可以平衡作物营养。硅包缓释尿素减缓氮的释放速度，有利于减少尿素的流失。硅包缓释尿素使用高分子化合物作为包裹造粒黏合剂，使粉状硅肥与尿素紧密包裹，延长了尿素的肥效，消除了尿素的副作用，使产品具有“抗倒伏、抗干旱、抗病虫，促进光合作用、促进根系生长发育、促进养分利用”的“三抗三促”功能。该产品技术指标见表4-19。该产品施用方法同尿素。

表 4-19 硅包缓释尿素产品技术指标

成分	高浓度	中浓度	低浓度
氮含量（%）	≥30	≥20	≥10
活性硅（%）	≥6	≥10	≥15
中量元素（%）	≥6	≥10	≥15
微量元素（%）	≥1	≥1	≥1
水分（%）	5	5	5

硅包缓释尿素与单质尿素相比较，具有以下优点：提高植物对硅素的利用，有利于植物光合作用进行；增强植物对病虫害的抵抗能力，增强植物的抗倒伏能力；减少土壤对磷的固定，改良土壤酸性，消除重金属污染；改善葡萄品质，使其色香味俱佳。

（3）树脂包膜的尿素 树脂包膜的尿素采用各种不同的树脂材料包裹尿素，由于释放慢，主要起到长效和缓效的作用，可以减少追肥的次数。试验结果表明，使用包膜尿素可以节省常规尿素用量的50%。

树脂包膜尿素的关键是包膜的均匀性、可控性及包层的稳定性，有一些包膜尿素包层很脆，甚至在运输过程中就容易脱落，影响包膜的效果。包膜的薄厚不均匀，释放速率不一样也是影响包膜尿素应用效果的一个因素。目前，包膜尿素还存在一个问题，有的包膜过程比较复杂、包膜材料价格比较高，包膜后使成本增加过高。有些包膜材料在土壤中不容易降解，长期连续使用也会污染土壤环境，破坏土壤的物理性状。目前，很多人都在进行包膜尿素的研究，通过新工艺，新材料的挖掘使得包膜尿素更完美。

（4）腐殖酸型过磷酸钙 该肥料是应用优质的腐殖酸与过磷酸钙，在促释剂和螯合剂的作用下，经过化学反应形成的HA-P复合物，能够有效地抑制肥料成品中有效磷的固定，减缓磷肥从速效性向迟效和无效的转化，可以使土壤对磷的固定减少16%以上，磷肥肥效提高10%~20%。该产品有效磷含量大于或等于10%。

腐殖酸型过磷酸钙能够为葡萄树提供充足养分，刺激葡萄树生理代谢和生长发育；能够提高氮肥的利用率，促进葡萄树根系对磷的吸收，使钾缓慢分解；能够改良土壤结构，提高土壤保肥保水能力；能够增强葡萄树的抗逆性，减少病虫害；能够改善葡萄品质，促进各种养分向果实输送，使葡萄质量好、营养高。

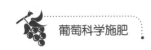

（5）增效磷酸二铵 增效磷酸二铵是应用NAM长效缓释技术研发的一种新型长效缓释肥，总养分量为53%（14-39-0）。产品特有的保氮、控氨、解磷HLS集成动力系统，改变了养分释放模式，解除磷的固定，促进磷的扩散吸收，比常规磷酸二铵养分利用率提高1倍左右，磷的养分利用率提高50%左右，并可使追肥中施用的普通尿素利用率提高，延长肥效期，做到底肥长效、追肥减量。它的施用方法与普通磷酸二铵相同，施肥量可减少20%左右。

2. 有机酸型专用肥及复混肥

（1）有机酸型葡萄专用肥 有机酸型葡萄物专用肥是根据葡萄树的需肥特性和土壤特点，在测土配方施肥基础上，在传统的葡萄专用肥基础上添加腐殖酸、氨基酸、生物制剂、螯合态微量元素、中量元素、生物制剂、增效剂、调理剂等，进行科学配方设计生产的一类有机无机复混肥料。其剂型有粉粒状、颗粒状和液体3种，可用于基肥、种肥和追肥。

有关厂家在全国22省（自治区、直辖市）试验结果表明，有机酸型葡萄专用肥肥效持续时间长、针对性强，养分之间有联应效果，能把物化的科学施肥技术与产品融为一体，可获得明显的增产、增收效果。

综合各地葡萄配方肥配制资料，有机酸型葡萄专用肥基础肥料选用及用量（1吨产品）如下：

1）配方1。建议氮、磷、钾总养分量为30%，氮磷钾比例为1∶0.8∶1.2。基础肥料选用及用量（1吨产品）为：硫酸铵130千克、尿素132千克、磷酸一铵106千克、钙镁磷肥10千克、过磷酸钙150千克、硫酸钾240千克、硼砂20千克、硫酸铜10千克、硫酸锌10千克、硫酸亚铁10千克、硝基腐殖酸100千克、生物制剂20千克、氨基酸32千克、增效剂10千克、调理剂20千克。

2）配方2。建议氮、磷、钾总养分量为25%，氮磷钾比例分别为1∶0.75∶1.38。基础肥料选用及用量（1吨产品）为：硫酸铵150千克、尿素65千克、磷酸二铵94千克、过磷酸钙100千克、钙镁磷肥10千克、硫酸钾220千克、氨基酸锌硼铜铁20千克、硝基腐殖酸246千克、生物制剂30千克、氨基酸35千克、增效剂10千克、调理剂20千克。

3）配方3。建议氮、磷、钾总养分量为35%，氮磷钾比例分别为1∶0.6∶1.2。基础肥料选用及用量（1吨产品）为：硫酸铵100千克、尿素173千克、磷酸二铵127千克、过磷酸钙100千克、钙镁磷肥10千克、硫酸钾300千克、氨基酸锌硼铜铁20千克、硝基腐殖酸100千克、

生物制剂 30 千克、增效剂 12 千克、调理剂 28 千克。

（2）腐殖酸型高效缓释复混肥　腐殖酸型高效缓释复混肥是在复混肥产品中配置了腐殖酸等有机成分，采用先进生产工艺与制造技术，实现化肥与腐殖酸肥的有机结合，大、中、微量元素、有益元素的结合。例如，云南金星化工有限公司生产的品种有：15-5-20 腐殖酸型高效缓释复混肥是针对需钾较高的作物设计，18-8-4 腐殖酸型高效缓释复混肥是针对需氮较高的作物设计。

腐殖酸型高效缓释复混肥具有以下特点：①有效成分利用率高。腐殖酸型高效缓释复混肥中氮的有效成分利用率可达 50% 左右，比尿素高 20%；有效磷的利用率可达 30% 以上，比普通过磷酸钙高 10% ~ 16%。②肥料中的腐殖酸成分，能显著促进葡萄树根系生长，有效地协调葡萄树营养生长和生殖生长的关系。腐殖酸能有效地促进葡萄树的光合作用，调节生理，增强葡萄树对不良环境的抵抗力。腐殖酸可促进葡萄树对营养元素的吸收利用，提高葡萄树体内酶的活性，改善和提高葡萄品质。

（3）腐殖酸涂层缓释肥　腐殖酸涂层缓释肥，有的也称腐殖酸涂层长效肥、腐殖酸涂层缓释 BB 肥等。它是应用涂层肥料专利技术，配合氨酸造粒工艺生产的多效螯合缓释肥料。目前主要配方类型有 15-10-15、15-5-20、20-4-16、18-5-13、23-15-7、15-5-10、17-5-8 等多种。

腐殖酸涂层缓释肥与以树脂（塑料）为包膜材料的缓控释肥不同，腐殖酸涂层缓释肥料选择的缓释材料都可当季转化为葡萄树可吸收的养分或成为土壤有机质成分，具有改善土壤结构、提升可持续生产能力的作用。同时，促控分离的缓释增效模式，是目前市场上唯一对氮、磷、钾养分分别进行增效处理的多元素肥料，具有“省肥、省水、省工、增产增收”的特点，比一般复合肥利用率提高 10 个百分点，平均增产 15%、省肥 20%、省水 30%、省工 30%，与习惯施肥对照，每亩节本增效 200 元以上。

腐殖酸涂层缓释肥具有以下特点：①突破了传统技术框框，是全新的“膜反应与团絮结构”缓释高效理论的应用。②腐殖酸涂层缓释肥的涂膜薄而轻，不会降低肥料中的有效养分含量；涂膜是一种亲水性的有机无机复合胶体，可减少有效养分的淋溶、渗透或挥发损失，减少水分蒸发，提高葡萄树抗旱性。③腐殖酸涂层缓释肥含有多种中、微量元素，是一种高效、长效、多效的新型缓释肥，施用技术简单，多为一次性施用。

（4）含促生真菌有机无机复混肥　含促生真菌有机无机复混肥是在

有机无机复混肥生产中，采用先进的生物、化学、物理综合技术，添加促生真菌孢子粉——PPF 生产的一种新型肥料。目前主要配方类型有 17-5-8、20-0-10 等。

促生真菌具有四大特殊功能：①能够分泌各种生理活性物质，提高葡萄树发根力，提高葡萄树的抗旱性、抗盐性等；②能够产生大量的纤维素酶，加速土壤有机质的分解，增加葡萄树的可吸收养分；③分泌的代谢产物可抑制土壤病原菌、病毒的生长与繁殖，净化土壤；④可促进土壤中难溶性磷的分解，增加葡萄树对磷的吸收。

试验证明，含促生真菌有机无机复混肥能够使肥料有效成分利用率提高 10%~20%，并减少养分流失导致的环境污染；该肥料为通用型肥料，不含有毒有害成分，不产生毒性残留；长期施用可以补给与更新土壤有机质，提高土壤肥力；该肥料含有具有卓越功能和明显增产、提质、抗逆效果的 PPF 促生真菌孢子粉，可充分发挥其四大特殊功能。

3. 功能性生物有机肥

功能性生物有机肥是指特定功能微生物与主要以动植物残体（如畜禽粪便、农作物秸秆等）为来源并经过无害化处理、腐熟的有机物料复合而成的一类兼具生物肥料和有机肥效应的肥料。

（1）生态生物有机肥 生态生物有机肥是选用优质有机原料（如木薯渣、糖渣、玉米淀粉渣、烟草废弃物等生物有机工厂的废弃物），采用生物高氮源发酵技术、好氧堆肥快速腐熟技术、复合有益微生物技术等高新生物技术，生产的含有生物菌的一种生物有机肥。一般要求产品中生物菌数达 0.2 亿个/克或 0.5 亿个/克，有机质含量大于或等于 20%。

生态生物有机肥营养元素齐全，能够改良土壤，改善使用化肥造成的土壤板结状况。改善土壤理化性状，增强土壤保水、保肥、供肥的能力。生物有机肥中的有益微生物进入土壤后与土壤中的微生物形成共生增殖关系，抑制有害菌生长并转化为有益菌，相互作用，相互促进，起到群体的协同作用。有益菌在生长繁殖过程中产生大量的代谢产物，促使有机物的分解转化，能直接或间接为作物提供多种营养和刺激生长的物质，促进和调控作物生长，提高土壤孔隙度、通透交换性及作物成活率、增加有益菌和土壤微生物及种群。同时，在作物根系形成的优势有益菌群能抑制有害病原菌繁衍，增强作物抗逆抗病能力，降低重茬作物的病情指数，连年施用可大大缓解连作障碍。生态生物有机肥可以减少环境污染，对人、畜、环境安全、无毒，是一种环保型肥料。

（2）抗旱促生高效缓释功能肥　抗旱促生高效缓释功能肥是新疆慧尔农业科技股份有限公司针对新疆干旱、少雨情况，在生产含促生真菌有机无机复混肥基础上添加腐殖酸、TE（稀有元素）生产的一种新型肥料。目前产品有配方有23-0-12-TE、20-0-15-TE、21-0-14-TE、15-0-20-TE等类型，产品中腐殖酸的含量大于或等于3%。

抗旱促生高效缓释功能肥是一种具有多种功能的新型功能性有机肥料，它具有四大功能：①抗旱保水，应用该肥料可减少灌水次数，提高作物抗旱能力40～60天。②解磷溶磷，促进土壤中难溶性磷的分解，增加作物对磷的吸收。③抑病净土，肥料中的腐殖酸能够提高作物抗旱、抗盐碱、抗病虫作用，肥料中的PPF的代谢产物可抑制土壤病原菌、病毒的生长与繁殖，净化土壤。④促进作物生长发育，肥料中的腐殖酸能够使作物的根系强大、促进茎叶和花果的生长发育，PPF菌根能分泌大量的生理活性物质，如细胞分裂素、吲哚乙酸、赤霉素等，明显提高作物的发根力。

（3）高效微生物功能菌肥　高效微生物功能菌肥是在生物有机肥生产中添加氨基酸或腐殖酸、腐熟菌、解磷菌、解钾菌等而生产的一种生物有机肥。一般要求产品中生物菌数为0.2亿个/克，有机质含量大于或等于40%，氨基酸含量大于或等于10%。

高效微生物功能菌肥的功能有：①以菌治菌、防病抗虫。一些有益菌快速繁殖、优先占领并可产生抗生素，抑制或杀死有害病原菌，达到抗重茬、不死棵、不烂根的目的。高效微生物功能菌肥可有效预防根腐病、枯萎病、青枯病、疫病等土传病害的发生。②改良土壤、修复盐碱地。该菌肥使土壤形成良好的团粒结构，降低盐碱含量，有利于保肥、保水、通气、增温，使根系发达，健壮生长。③培肥地力，增加养分含量。该菌肥解磷、解钾、固氮，可将迟效养分转化为速效养分，并可促进多种养分的吸收，提高肥料利用率，减少缺素症的发生。④提高作物免疫力和抗逆性，使作物生长健壮，抗旱、抗涝、抗寒、抗虫，有利于高产稳产。⑤含有多种放线菌产生吲哚乙酸、细胞分裂素、赤霉素等，促进作物快速生长，并可协调营养生长和生殖生长的关系，使作物根多、棵壮、果丰、高产、优质。⑥分解土壤中的化肥和农药残留及多种有害物质，使产品无残留，无公害，环保优质。

4. 螯合态高活性水溶肥

（1）高活性有机酸水溶肥　高活性有机酸水溶肥是利用当代生物技

术精心研制开发的一种高效特效腐殖酸类、氨基酸类、海藻酸类等有机活性水溶肥，产品中氮（N）大于或等于80克/升、磷（P_2O_5）大于或等于50克/升、钾（K_2O）大于或等于70克/升、腐殖酸（或氨基酸、海藻酸）大于或等于50克/升。

这类肥料具有多种功能：

1）多种营养功能。含有作物需要的各种大量和微量元素，且容易吸收利用，有效成分利用率比普通叶面肥高20%~30%，可以有效地解决农作物因缺素而引起的各种生理性病害。例如：西瓜的裂口、果树的畸形果、裂果等生理缺素病害。

2）促进根系生长。新型高活性有机酸能显著促进作物根系生长，增强根毛的亲水性，大大增强作物根系吸收水分和养分的能力，打下作物高产优质的基础。

3）促进生殖生长。具有高度生物活性，能有效调控农作物营养生长与生殖生长的关系，促进花芽分化，促进果实发育，减少花果脱落，提高坐果率，促进果实膨大，减少畸形花、畸形果的发生，改善果实的外观品质和内在品质，果靓味甜，使果品提前上市。

4）提高抗病性能。叶面喷施能改变作物表面微生物的生长环境，抑制病原菌、菌落的形成和发生，减轻各种病害的发生。例如，能预防番茄霜霉病、辣椒疫病、炭疽病、花叶病的发展，还可缓解除草剂药害，降低农药残留，无毒无害。

（2）螯合型微量元素水溶肥　螯合型微量元素水溶肥是将氨基酸、柠檬酸、EDTA等螯合剂与微量元素有机结合起来，并可添加有益微生物生产的一种新型水溶肥料。一般产品要求微量元素含量大于或等于8%。

这类肥料溶解迅速，溶解度高，渗透力极强，内涵螯合态微量元素，能迅速被植物吸收，促进光合作用，提高碳水化合物的含量，修复叶片阶段性失绿，增加作物抵抗力，能迅速缓解各种作物因缺素所引起的倒伏、脐腐、空心开裂、软化病、黑斑、褐斑等众多生理性症状。作物施用螯合型微量元素水溶肥后，可以增加叶绿素含量及促进碳水化合物的形成，使水果、蔬菜的贮运期延长，可使果品贮藏期延长，增加果实硬度，明显增加果实外观色泽与光洁度，改善品质，提高产量，提升果品等级。

（3）活力钾、钙、硼水溶肥　这类肥料是利用高活性生化黄腐酸

（黄腐酸属腐殖酸中分子量最小、活性最大的组分）添加钾、钙、硼等营养元素生产的一类新型水溶肥料。要求黄腐酸含量大于或等于30%，其他元素含量达到水溶标准要求，如有效钙含量为180克/升、有效硼含量为100克/升。

这类肥料有六大功能：①具有高生物活性功能的未知的促生长因子，对植物的生长发育起着全面的调节作用。②科学组合新的营养链，全面平衡植物需求，除高含量的黄腐酸外，还富含植物生长过程中所需的几乎全部氨基酸、氮、磷、钾、多种酶类、糖类（低聚糖、果糖等）、蛋白质、核酸、胡敏酸和维生素C、维生素E及大量的B族维生素等营养成分。③抗絮凝、具缓冲作用，溶解性能好，与金属离子相互作用能力强。该类肥料增强了植物株内氧化酶活性及其他代谢活动；促进植物根系生长，提高根系活动，有利于植株对水分和营养元素的吸收，以及提高叶绿素含量，增强光合作用，以提高植物的抗逆能力。④络合能力强，提高植物营养元素的吸收与运转。⑤具有黄腐酸盐的抗寒抗旱的显著功能。⑥改善果实品质，提高产量。黄腐酸钾叶面肥平均分子量为300，生物活性高，对植物细胞膜这道屏障极具通透性，通过其吸附、传导、转运、架桥、缓释、活化等多种功能，使植物细胞能够吸收到更多原本无法获取的水分、养分，同时将光合作用积累和合成的碳水化合物、蛋白质、糖分等营养物质向果实部位输送，以改善果品质量，提高产量。

5. 长效水溶性滴灌肥

除了上述介绍的底肥、种肥、追肥、根外追肥施用的营养套餐肥料外，在一些滴灌栽培区还应用长效水溶性滴灌肥等，也取得了良好的施用效果。

长效水溶性滴灌肥是将脲酶抑制剂、硝化抑制剂、磷活化剂与营养成分有机组合，利用抑制剂的协同作用比单一抑制剂的作用时间更长，达到供肥期延长和提高肥料利用率的效果。利用抑制剂调控土壤中的铵态氮和硝态氮的转化，达到增铵的营养效果，为作物提供适宜的NH_4^+、NO_3^-比例，从而加快作物对养分的吸收、利用与转化，促进作物生长，增产效果显著。目前主要品种为果树长效水溶性滴灌肥（10-15-25+B+Zn）等。

长效水溶性滴灌肥的功能主要体现在：①肥效长，具有一定的可调性。该肥料在磷肥用量减少1/3时仍可获得正常产量，养分有效期可达120天以上。②养分利用率高，氮肥利用率达到38.7%~43.7%，磷肥利用率达到19%~28%。③增产幅度大，生产成本低。施用长效水溶性滴灌肥可使作物活秆成熟，增产幅度大，平均增产10%以上。由于节肥、免追肥、省工及减少磷肥施用量，能降低农民的生产投入，增产增收。④环境友好，可降低施肥造成的面源污染。低碳、低毒，对人畜安全，在土壤及作物中无残留。试验表明，施用该肥料可减少淋失48.2%，降低一氧化氮排放64.7%，显著降低氮肥施用带来的环境污染。

五、葡萄营养套餐施肥技术的应用

以结果期葡萄树为应用对象，各种肥料用量以高产、优质、无公害、环境友好为目标，选用有机无机复合肥料、长效缓释肥料、有机活性水溶肥料进行施用，各地在具体应用时，可根据当地葡萄树树龄及树势、测土配方推荐用量进行调整。

1. 普通灌溉方式下无公害葡萄营养套餐施肥技术

（1）秋施基肥 葡萄树基肥一般在葡萄采收后立即施用，施肥可采用环状沟、放射状沟等方法，沟深20~30厘米；或采用撒施，将肥料均匀撒于树冠下，并深翻20厘米，注意混匀土肥，施后覆土。基肥可选用下列组合之一：每亩施生态有机肥150~200千克或无害化处理过的有机肥1500~2000千克、葡萄树有机型专用肥80~120千克；每亩施生态有机肥150~200千克或无害化处理过的有机肥1500~2000千克、含促生真菌生物复混肥（20-0-10）70~80千克、腐殖酸型过磷酸钙30~40千克；每亩施生态有机肥150~200千克或无害化处理过的有机肥1500~2000千克、腐殖酸高效复混肥（15-5-20）60~70千克；每亩施生态有机肥150~200千克或无害化处理过的有机肥1500~2000千克、硫基长效缓释BB肥（24-16-5）60~70千克；每亩施生态有机肥150~200千克或无害化处理过的有机肥1500~2000千克、增效尿素13~15千克、缓释磷酸二铵8~10千克、大粒钾肥13~15千克。

（2）根际追肥 应根据葡萄树体生长发育状况、土壤肥力等情况确定合理的追肥时期和次数。主要在抽梢期、谢花期和浆果着色初期结合灌溉进行追肥。

1）抽梢期。每亩施生态有机肥20~30千克、葡萄树有机型专用肥10~15千克；或生态有机肥20~30千克、腐殖酸高效复混肥（15-5-20）8~9千克；或生态有机肥20~30千克、硫基长效缓释BB肥（24-16-5）7~8千克；或生态有机肥20~30千克、长效缓释BB肥（15-20-10）7~8千克；或生态有机肥30~40千克、增效尿素10~12千克。

2）谢花期。每亩施葡萄树有机型专用肥18~20千克；或腐殖酸高效复混肥（15-5-20）8~9千克；或硫基长效缓释BB肥（24-16-5）16~18千克；或长效缓释BB肥（15-20-10）15~17千克；或增效尿素12~15千克、增效磷铵5~7千克、大粒钾肥7~10千克。

3）浆果着色初期。每亩施腐殖酸高效复混肥（15-5-20）7~9千克；或硫基长效缓释BB肥（24-16-5）6~8千克；或长效缓释BB肥（15-20-10）7~8千克；或增效尿素4~5千克、大粒钾肥6~8千克。

（3）根外追肥　葡萄树生长的不同时期对营养需求的种类也有所不同，主要在抽梢期、幼果期、浆果着色初期、采收后等时期叶面喷施。

1）抽梢期。叶面喷施500~1000倍含腐殖酸水溶肥或500~1000倍含氨基酸水溶肥、1500倍活力硼叶面肥2次，间隔15天。

2）幼果期。叶面喷施500~1000倍含氨基酸水溶肥、1500倍活力钾叶面肥、1500倍活力钙叶面肥2次，间隔15天。

3）浆果着色初期。叶面喷施500~1000倍含腐殖酸水溶肥、喷施1500倍活力钾2次，间隔15天。

4）采收后。叶面喷施500~1000倍含腐殖酸水溶肥或500~1000倍含氨基酸水溶肥、500~1000倍大量元素水溶肥2次，间隔15天。

2. 滴灌方式下无公害葡萄营养套餐施肥技术

（1）秋施基肥　葡萄树基肥一般在葡萄采收后立即施用，施用方法和用量同普通灌溉方式下无公害葡萄营养套餐施肥技术。

（2）滴灌追肥　葡萄树追肥时，应根据树体生长发育状况、土壤肥力等情况确定合理的追肥时期和次数。主要在抽梢期、开花前、幼果期和浆果着色初期进行滴灌追肥。

1）抽梢期。每亩施有机水溶肥（20-0-5）15~20千克、增效尿素8~9千克；或硫基长效水溶滴灌肥（10-15-25）9~10千克。

2）开花前。每亩施有机水溶肥（20-0-5）20~22千克；或硫基长效水溶滴灌肥（10-15-25）10~12千克。

3）幼果期。结合滴灌施2次，每次每亩施有机水溶肥（20-0-5）22~25千克；或硫基长效水溶滴灌肥（10-15-25）12~15千克。

4）浆果着色初期。每亩施有机水溶肥（20-0-5）20~22千克；或硫基长效水溶滴灌肥（10-15-25）10~12千克。

（3）根外追肥　葡萄树生长不同时期对营养的需求种类也有所不同，主要在抽梢期、幼果期、浆果着色初期、采收后等时期叶面喷施。

1）抽梢期。叶面喷施 500~1000 倍含腐殖酸水溶肥或 500~1000 倍含氨基酸水溶肥、1500 倍活力硼叶面肥 2 次，间隔 15 天。

2）幼果期。叶面喷施 500~1000 倍含氨基酸水溶肥、1500 倍活力钾叶面肥、1500 倍活力钙叶面肥 2 次，间隔 15 天。

3）浆果着色初期。叶面喷施 500~1000 倍含腐殖酸水溶肥、1500 倍活力钾 2 次，间隔 15 天。

4）采收后。叶面喷施 500~1000 倍含腐殖酸水溶肥，或 500~1000 倍含氨基酸水溶肥、500~1000 倍大量元素水溶肥 2 次，间隔 15 天。

第四节　葡萄水肥一体化技术

水肥一体化技术是世界上公认的提高水肥资源利用率的最佳技术。2013 年农业部下发《水肥一体化技术指导意见》，把水肥一体化技术列为“一号技术”加以推广。水肥一体化技术也称为灌溉施肥技术，是借助压力系统（或地形自然落差），根据土壤养分含量和作物种类的需肥规律及特点，将可溶性固体或液体肥料配制成的肥液，与灌溉水一起，通过可控管道系统均匀、准确地输送到作物根部土壤，浸润作物根系发育生长区域，使主根根系所在的土壤始终保持疏松和适宜的含水量。通俗地讲，就是将肥料溶于灌溉水中，通过管道在浇水的同时施肥，将水和肥料均匀、准确地输送到作物根部土壤。

一、葡萄水肥一体化技术概述

1. 水肥一体化技术的优点

水肥一体化技术与传统地面灌溉和施肥方法相比，具有以下优点：

（1）节水效果明显　水肥一体化技术可减少水分的下渗和蒸发，提高水分利用率。在露天条件下，微灌施肥与大水漫灌相比，节水率达 50% 左右。在设施栽培条件下，滴灌与畦灌相比，每亩大棚一季节水 80~120 米^3，节水率为 30%~40%。

（2）节肥增产效果显著　水肥一体化技术具有施肥简便、施肥均匀、供肥及时、作物易于吸收、提高肥料利用率等优点。据调查，常规施肥的肥料利用率只有 30%~40%，滴灌施肥的肥料利用率达 80% 以上。在作物产量相近或相同的情况下，水肥一体化技术与常规施肥技术相比可节省化肥 30%~50%，并增产 10% 以上。

（3）减轻病虫草害发生 水肥一体化技术有效地减少了灌水量和水分蒸发，提高了土壤养分有效性，可促进根系对营养的吸收贮备，还可降低土壤湿度和空气湿度，抑制病原菌、害虫的产生、繁殖和传播，并抑制杂草生长，因此，也减少了农药的投入和防治病虫草害的劳动力投入，与常规施肥相比，利用水肥一体化技术每亩农药用量可减少15%~30%。

（4）降低生产成本 水肥一体化技术是管网供水，操作方便，便于自动控制，减少了人工开沟、撒肥等过程，因而可明显节省施肥劳动力；灌溉是局部灌溉，大部分地表保持干燥，减少了杂草的生长，也就减少了用于除草的劳动力；由于水肥一体化可减少病虫害的发生，减少了用于防治病虫害、喷药等劳动力；水肥一体化技术实现了种地无沟、无渠、无埂，大大减轻了水利建设的工程量。

（5）改善作物品质 水肥一体化技术适时、适量地供给作物不同生长发育期生长所需的养分和水分，明显改善作物的生长环境条件，因此，可促进作物增产，提高农产品的外观品质和营养品质；应用水肥一体化技术种植的作物，生长整齐一致，定植后生长恢复快、提早收获、收获期长、丰产优质，具有对环境气象变化适应性强等优点；通过水肥的控制可以根据市场需求提早供应市场或延长供应市场。

（6）便于农作管理 水肥一体化技术只湿润作物根区，其行间空地保持干燥，因而即使是灌溉的同时，也可以进行其他农事活动，减少了灌溉与其他农作的相互影响。

（7）改善土壤微生态环境 采用水肥一体化技术除了可明显降低大棚内空气湿度和棚内温度外，还可以增强微生物活性，滴灌施肥与常规畦灌施肥相比，地温可提高2.7℃。有利于增强土壤微生物活性，促进作物对养分的吸收；有利于改善土壤物理性质。滴灌施肥克服了因灌溉造成的土壤板结、土壤容重降低，孔隙度增加，有效地调控土壤根系的水渍化、盐渍化、土传病害等。水肥一体化技术可严格控制灌溉用水量、化肥施用量、施肥时间，不破坏土壤结构，防止化肥和农药淋洗到深层土壤造成土壤和地下水的污染，同时可将硝酸盐产生的农业面源污染降到最低程度。

（8）便于精确施肥和标准化栽培 水肥一体化技术可根据作物营养规律有针对性地施肥，做到缺什么补什么，实现精确施肥；可以根据灌溉的流量和时间，准确计算单位面积所用的肥料数量。微量元素通常会用螯合态，价格昂贵，而通过水肥一体化可以做到精确供应，提高肥料利用率，降低微量元素肥料施用成本。水肥一体化技术的采用有利于实现标准化栽培，是现代农业中的一项重要技术措施。在一些地区的作物标准化栽培手册中，已将水肥一体化技术作为标准措施推广应用。

（9）适应恶劣环境和多种作物 采用水肥一体化技术可以使作物在恶劣的土壤环境下正常生长，如沙丘或砂地，因持水能力差，水分基本没有横向扩散，传统的灌溉方式容易造成深层渗漏，使作物难以生长。采用水肥一体化技术，可以保证作物在这些条件下正常生长。此外，利用水肥一体化技术可以在土层薄、贫瘠、含有惰性介质的土壤上种植作物并获得最大的增产潜力，能够有效地开发利用丘陵地、山地、砂石地、轻度盐碱地等边缘土地。

2. 水肥一体化技术的缺点

水肥一体化技术是一项新兴技术，而我国土地类型多样，各地农业生产发展水平、土壤结构及养分间有很大的差别，用于灌溉施肥的化肥种类参差不一，因此，水肥一体化技术在实施过程中还存在如下诸多缺点：

（1）易引起堵塞，系统运行成本高 灌水器的堵塞是当前水肥一体化技术应用中最主要的问题，也是目前必须解决的关键问题。引起堵塞的原因有化学因素、物理因素，有时生物因素也会引起堵塞。因此，灌溉时对水质的要求较严，一般均应经过过滤，必要时还需经过沉淀和化学处理。

（2）引起盐分积累，污染水源 当在含盐量高的土壤上进行滴灌或是利用咸水灌溉时，盐分会积累在湿润区的边缘而引起盐害。施肥设备与供水管道连通后，若发生特殊情况，如事故、停电等，系统内会出现回流现象，这时肥液可能被带到水源处。另外，当饮用水与灌溉水使用同一主管网时，如无适当措施，肥液可能进入饮用水管道，造成水源污染。

（3）限制根系发展，降低作物抵御风灾能力 由于灌溉施肥技术只湿润部分土壤，加之作物的根系有向水性，对于高大木本作物来说，少灌、勤灌的灌溉方式会导致其根系分布变浅，在风力较大的地区可能产生拔根危害。

（4）工程造价高，维护成本高 根据测算，大田采用水肥一体化技术每亩投资在400~1500元，而温室的投资比大田更高。

二、葡萄水肥一体化技术的原理

1. 水肥一体化系统的组成

水肥一体化系统主要有微灌系统和喷灌系统。这里以常用的微灌为

例。微灌就是利用专门的灌水设备（滴头、滴灌管、微喷头、渗灌管等），将有压水流变成细小的水流或水滴，湿润作物根部附近土壤的灌水方法。因其灌水器的流量小而称为微灌，主要包括滴灌、微喷灌、脉冲微喷灌、渗灌等。目前生产实践中应用广泛且具有比较完整理论体系的主要是滴灌和微喷灌技术。微灌系统主要由水源工程、首部枢纽工程、输配水管网、灌水器4个部分组成（图4-1）。

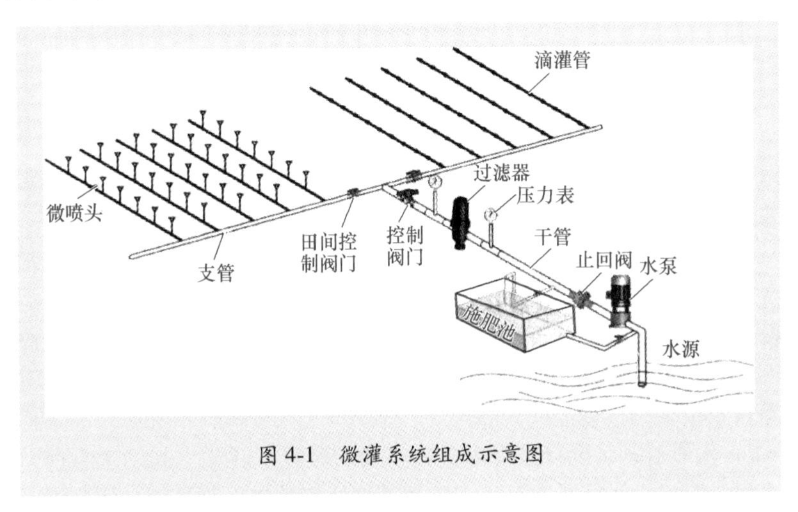

图4-1　微灌系统组成示意图

（1）水源工程　在生产中可能使用的水源有河流水、湖泊水、水库水、塘堰水、沟渠水、泉水、井水、水窑（窖）水等，只要水质符合要求，就可作为微灌的水源，但这些水源经常不能被微灌工程直接利用，或其流量不能满足微灌用水量要求，此时需要根据具体情况修建一些相应的引水、蓄水或提水工程，统称为水源工程。

（2）首部枢纽工程　首部枢纽是整个微灌系统的驱动、检测和控制中枢，主要由水泵及动力机、过滤器等水质净化设备，施肥装置，控制阀门，进排气阀，压力表，流量计等设备组成。其作用是从水源中取水，经加压过滤后输送到输水管网中去，并通过压力表、流量计等测量设备监测系统运行情况。

（3）输配水管网　输配水管网的作用是将首部枢纽工程处理过的水按照要求输送分配到每个灌水单元和灌水器。包括干管、支管和毛管三级管道。毛管是微灌系统末级管道，其上安装或连接灌水器。

（4）灌水器　灌水器是微灌系统中的最关键的部件，是直接向作物灌水的设备，其作用是消减压力，将水流变为水滴、细流或以喷洒状施入土壤，主要有滴头、滴灌管、微喷头、渗灌滴头、渗灌管等。微灌系统的灌水器大多数用塑料注塑成型。

2. 水肥一体化系统的操作

水肥一体化系统操作包括运行前的准备、灌溉操作、施肥操作、轮灌组更替和结束灌溉等工作。

(1) 运行前的准备 运行前的准备工作主要是检查系统是否按设计要求安装到位，检查系统主要设备和仪表是否正常，对损坏或漏水的管段及配件进行修复。

(2) 灌溉操作 水肥一体化系统包括单户系统和组合系统。组合系统需要分组轮灌。系统的简繁不同，灌溉的作物和土壤条件不同都会影响到灌溉操作。

1）管道充水试运行。在灌溉季节首次使用时，必须进行管道充水冲洗。充水前应开启排污阀或泄水阀，关闭所有控制阀门，在水泵正常运行后缓慢开启水泵出水管道上的控制阀门，然后从上游至下游逐条冲洗管道，充水中应观察排气装置是否正常运行。管道冲洗后应缓慢关闭泄水阀。

2）水泵起动。要保证动力机在空载或轻载下起动。起动水泵前，首先关闭总阀门，并打开准备灌水的管道上所有的排气阀排气，然后起动水泵向管道内缓慢充水。起动后观察和倾听设备运转是否有异常声音，在确认起动正常的情况下，缓慢开启过滤器及控制田间所需灌溉的轮灌组的田间控制阀门，开始灌溉。

3）观察压力表和流量计。观察过滤器前后的压力表读数差异是否在规定的范围内，压差读数达到 7 米水柱（1 米水柱 = 9806.65 帕），说明过滤器内堵塞严重，应停机冲洗。

4）冲洗管道。新安装的管道（特别是滴灌管）在第一次使用时，要先放开管道末端的堵头，充分放水冲洗各级管道系统，把安装过程中集聚的杂质冲洗干净后，封堵末端堵头，然后才能开始使用。

5）田间巡查。要到田间巡回检查轮灌区的管道接头和管道是否漏水，各个灌水器是否正常工作。

(3) 施肥操作 施肥过程是伴随灌溉同时进行的，施肥操作在灌溉进行 20～30 分钟后开始，并确保在灌溉结束前 20 分钟以上的时间内结束，这样可以保证对灌溉系统的冲洗完全和尽可能地减少化学物质堵塞灌

水器。施肥操作前要按照施肥方案将肥料准备好，对于溶解性差的肥料可先将肥料溶解在水中。不同的施肥装置在操作细节上有所不同。

（4）轮灌组更替　根据水肥一体化灌溉施肥制度，观察水表水量，确定达到要求的灌水量时，更换下一轮灌组地块，注意不要同时打开所有分灌阀。先打开下一轮灌组的阀门，再关闭前一个轮灌组的阀门。进行下一轮灌组的灌溉时，操作步骤按以上重复。

（5）结束灌溉　所有地块灌溉施肥结束后，先关闭灌溉系统水泵开关，然后关闭田间的各开关。对过滤器、施肥罐、管路等设备进行全面检查，保证下一次灌溉可以正常运行。注意冬季灌溉结束后要把田间位于主支管道上的排水阀打开，将管道内的水尽量排净，以避免管道留有积水冻裂管道。此阀门冬季不必关闭。

3. 水肥一体化系统的维护保养

要想保持水肥一体化系统的正常运行和提高其使用寿命，关键是要正确使用及良好地维护和保养。

（1）水源工程　水源工程建筑物有地下取水、河渠取水、塘库取水等多种形式，保持这些水源工程建筑物的完好，运行可靠，确保设计用水的要求，是水源工程管理的首要任务。

对泵站、蓄水池等工程应经常进行维修养护，每年非灌溉季节应进行年修，以保持工程完好。对蓄水池沉积的泥沙等污物应定期洗刷排除。藻类易在开敞式蓄水池的静水中繁殖，在灌溉季节应定期向池中投放绿矾，防止藻类滋生。注意，灌溉季节结束后，应排除所有管道中的存水，封堵阀门和井。

（2）水泵　运行前检查水泵与电动机的联轴器是否同心，间隙是否合适，带轮是否对正，其他部件是否正常，转动是否灵活，如果有问题应及时排除。

运行中检查各种仪表的读数是否在正常范围内，轴承部位的温度是否太高，水泵和水管各部位有没有漏水和进气情况，吸水管道应保证不漏气，水泵停机前应先停起动器，后拉电闸。注意，停机后要擦净水迹，防止生锈；定期拆卸检查，全面检修；在灌溉季节结束或冬季使用水泵时，停机后应打开泵壳下的放水塞把水放净，防止水泵锈坏或冻坏。

（3）动力机械　电动机在起动前应检查绕组对地的绝缘电阻、铭牌所标电压和频率与电源电压和频率是否相符、接线是否正确、电动机外壳接地线是否可靠等。电动机运行中工作电流不得超过额定电流，工作温度

不能太高。电动机应经常除尘，保持干燥清洁。经常运行的电动机每月应进行 1 次检查，每半年进行 1 次检修。

（4）管道系统 在每个灌溉季节结束时，要对管道系统进行全系统的高压清洗。在有轮灌组的情况下，要按轮灌组顺序分别打开各支管和主管的末端堵头，开动水泵，使用高压逐个冲洗轮灌组的各级管道，力争将管道内冲洗干净。在管道高压清洗结束后，应充分排净水分，把堵头装回。

（5）过滤系统

1）网式过滤器。运行时要经常检查过滤网，发现损坏应及时修复。灌溉季节结束后，应取出过滤器中的过滤网并刷洗干净，晾干后备用。

2）叠片过滤器。打开叠片过滤器的外壳，取出叠片。先把各个叠片组清洗干净，然后用干布将外壳内的密封圈擦干放回，之后开启底部集砂膛一端的丝堵，将膛中积存物排出，将水排净，最后将过滤器压力表下的选择钮置于排气位置。

3）砂介质过滤器。灌溉季节结束后，打开过滤器罐的顶盖，检查砂石滤料的数量，并与罐体上的标识相比较，若砂石滤料数量不足应及时补充，以免影响过滤质量。若砂石滤料上有悬浮物要捞出。同时，在每个罐内加入 1 包氯球，放置 30 分钟后，起动每个罐各反冲 2 次，每次 2 分钟，然后打开过滤器罐的盖子和罐体底部的排水阀，将水全部排净。单个砂介质过滤器反冲洗时，先打开冲洗阀的排污阀，并关闭进水阀，水流经冲洗管由集水管进入过滤罐。双过滤器反冲洗时，先关闭其中一个过滤罐上的三向阀门，同时打开该罐的反冲洗管进口，使从另一个过滤罐过来的干净水通过集水管进入待冲洗罐内。反冲洗时，要注意控制反冲洗的水流速度，使反冲水流的流速能够使砂床充分翻动，只冲掉罐中被过滤的污物，而不会冲掉过滤介质。最后，将过滤器压力表下的选择钮置于排气位置。若罐体表面或金属进水管路的金属镀层有损坏，应立即清锈后重新喷涂。

（6）施肥系统 在进行施肥系统维护时，关闭水泵，开启与主管道相连的注肥口和驱动注肥系统的进水口，排除压力。

1）注肥泵。先用清水洗净注肥泵的肥料罐，打开罐盖晾干，再用清水冲净注肥泵，然后分解注肥泵，取出注肥泵驱动活塞，将随机所带的润滑油涂在部件上，进行正常的润滑保养，最后擦干各部件，将其重新组装好。

2）施肥罐。先仔细清洗罐内残液并晾干，然后将罐体上的软管取下

并用清水洗净，软管要置于罐体内保存。每年在施肥罐的顶盖及手柄螺纹处涂防锈液，若罐体表面的金属镀层有损坏，立即清锈后重新喷涂。注意不要丢失各个连接部件。

3）移动式灌溉施肥机的维护保养。移动式灌溉施肥机的使用应尽量做到专人管理。管理人员要认真负责，所有操作严格按技术操作规程进行；严禁动力机空转，在系统开启时一定要将吸水泵浸入水中；管理人员要定期检查和维护系统，保持整洁干净，严禁使系统淋雨；定期更换机油（半年1次），检查或更换火花塞（1年1次）；及时人工清洗过滤器滤芯，严禁在有压力的情况下打开过滤器；耕翻土地时需要移动地面管，应轻拿轻放，不要用力拽管。

（7）田间设备

1）排水底阀。在冬季来临前，为防止冬季将管道冻坏，把田间位于主支管道上的排水底阀打开，将管道内的水尽量排净，此阀门冬季不关闭。

2）田间阀门。将各阀门的手动开关置于打开的位置。

3）滴灌管。在田间将各条滴灌管拉直，勿使其扭折。若冬季回收也要注意勿使其扭曲放置。

（8）预防滴灌系统堵塞

1）灌溉水和水肥溶液先经过过滤或沉淀。在灌溉水或水肥溶液进入灌溉系统前，先经过一道过滤器或沉淀池，然后经过过滤器后才进入输水管道。

2）适当提高输水能力。根据试验，水的流量在4~8升/小时范围内，堵塞率减到很小，但考虑到流量越大，费用就越高，最优流量约为4升/小时。

3）定期冲洗滴灌管。滴灌系统使用5次后，要放开滴灌管末端堵头进行冲洗，把使用过程中积聚在管内的杂质冲洗出滴灌系统。

4）事先测定水质。在确定使用滴灌系统前，最好先测定水质。如果水中含有较多的铁、硫化氢、鞣酸，则不适合滴灌。

5）使用完全溶于水的肥料。只有完全溶于水的肥料才能进行滴灌施肥。不要通过滴灌系统施用一般的磷肥，在灌溉水中磷会与钙反应形成沉淀，堵塞滴头。最好不要混合几种不同的肥料，避免它们发生化学反应而产生沉淀。

（9）细小部件的维护　水肥一体化系统是一套精密的灌溉装置，许多部件为塑料制品，在使用过程中要注意各步操作的密切配合，不可猛力扭动旋钮和开关。在分解各个容器时，注意一些小部件要依原样安装好，不要丢失。

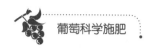

水肥一体化系统的使用寿命与系统保养水平有直接关系，保养得越好，使用寿命越长，效益越持久。

三、葡萄水肥一体化技术的应用

葡萄在我国长江流域以北各地均有生产，主要产于新疆、甘肃、山西、河北、山东等地，其中新疆的葡萄种植面积占全国栽培面积的30%以上。我国1/3以上的葡萄园分布在干旱和半干旱地区。随着葡萄灌溉水源越来越紧张，水肥矛盾也日渐突显，因而发展微灌等节水灌溉技术对葡萄生产来说就显得尤为重要。目前，葡萄水肥一体化技术在西北干旱、半干旱地区如新疆、甘肃、宁夏等地的研究和应用较多，取得了一定的节水、节肥、增产、省工等效果（彩图21）。

1. 葡萄水肥一体化技术灌溉类型

葡萄水肥一体化技术在发达国家应用比较普遍。葡萄最适合采用滴灌施肥系统。近年来，为防止杂草生长、春季保湿，并降低夏季果园的湿度，葡萄膜下滴灌技术也在大力推广。当土壤为中壤或黏壤土时，通常每行葡萄铺设1条毛管，毛管间距一般在0.5~1米。有些葡萄园会铺设2条毛管，种植行左右各铺设1条管。当土壤为砂壤土时，葡萄的根系稀少，可采用每行铺设2条毛管的方式。此外也可考虑在葡萄栽培沟另铺设1条毛管。还有一些葡萄园将毛管固定在离地1米左右的主蔓上，主要的目的是方便除草等田间作业。土壤质地、作物种类及种植间距是决定滴头类型、滴头间距和滴头流量的主要因素。一般砂土要求滴头间距小，壤土和黏土要求滴头间距大。砂土的滴头间距可设为30~40厘米，滴头流量为2~3升/小时；壤土和黏土的滴头间距为50~70厘米，黏土取大值，滴头流量在1~2升/小时。滴灌时间一般持续3~4小时。

滴灌施肥灌水器可选择有固定滴头间距的内镶式滴灌管或滴灌带，如迷宫式和边缝式滴灌带。当葡萄树栽植不规则时，一般选择管上式滴头，在安装过程中，根据葡萄树间距确定滴头间距。常用的加肥或注肥设备有文丘里施肥器、压差式施肥罐（旁通罐）、计量泵等。具体选用哪种注肥设备应根据实际条件，结合注肥设备的特点确定。

2. 葡萄水肥一体化技术水分管理

完整的灌溉制度包括灌溉定额、灌水定额、灌水次数、灌水周期、灌水时间等。灌溉主要是补充降水的不足，理论上灌水量就是作物全生长发育期的需水量与降水量的差值。由于葡萄树各生长发育期需水量及实际降水量都不同，因此在确定滴灌灌溉制度时应充分考虑葡萄需水特性、气象条件因素。

（1）葡萄树的需水规律　葡萄树由于其强大的根系，耐旱性很强，但也需要稳定、适量地从土壤中获取水分，以获得最佳经济产量。葡萄在不同的季节和不同生育阶段对水分的需求有很大差别。葡萄树对水分需求最多的时期是生长初期，快开花时需水量减少，开花期需水量少，以后又逐渐增多，在浆果成熟初期再次达到高峰，以后又降低。葡萄浆果需水临界期是第一生长峰的后半期和第二生长峰的前半期，而浆果成熟前 1 个月的停长期对水分不敏感。

（2）葡萄树的灌水时期　一般葡萄树在生长前期，要求水分供应充足，以利生长与结果；生长后期要控制水分，保证及时停止生长，使葡萄树适时进入休眠期，以顺利越冬。一般可参考以下几个主要的时期进行灌水：发芽前后到开花，对土壤含水量要求较高，此时灌水可促进植株萌芽整齐，有利于新梢早期迅速生长，增大叶面积，加强光合作用，使开花和坐果正常；在北方干旱地区，此期灌水更为重要，最适宜的田间持水量为 75%~85%。开花期一般不宜灌水，否则会加剧生理落果。新梢生长和幼果膨大期为葡萄需水的临界期，新梢生长最旺盛；如果水分不足，则叶片夺去幼果的水分，使幼果皱缩而脱落，产量显著下降。果实迅速膨大期要供应充足的水分，但要防止过多水分而造成新梢徒长，此期正值花芽分化，适当的干旱有利于花芽分化。果实成熟期的水分对果实品质影响较大，如果水分过多将会延迟葡萄果实成熟，使品质变差，并影响枝蔓成熟。靠近采收期时不应灌水，一般鲜食品种应在采收前 15~20 天停止灌水；要求含糖量高、含酸量适当的酿酒品种，应当在采收前 20~30 天停止灌水。冬季休眠期，在北方各省（自治区、直辖市），必须在土壤结冻前灌 1 次透水，灌水量要渗至根群集中分布层以下，才能保证葡萄树安全越冬。

（3）葡萄园的水分管理方法　土壤墒情监测法是制订作物灌溉计划时常用的方法之一。对于葡萄树来说，可采用下面的方法确定灌溉制度：埋设 2 支张力计来监测土壤水分状况，滴头下方 20 厘米埋设一支，并在其旁边埋设另外一支张力计，深度为60厘米；观察20厘米埋深张力计的读数，当超过预定的范围开始滴灌，灌水结束后，检查60厘米埋深张力计的读数，如果其读数的绝对值不超过设定的范围，说明达到了所需的灌水量，否则应再灌水。另外一种简单的方法是用螺杆式土钻在滴头下方取土，通过指测法了解不同深度的土壤状况，从而确定灌溉时间。

3. 葡萄水肥一体化技术施肥方案

将葡萄滴灌灌溉制度和施肥制度耦合，即成葡萄水肥一体化技术方案（滴灌施肥方案），灌溉制度和施肥制度耦合一般采用把葡萄树各生长发育期的施肥量分配到每次灌水中的方法。实际操作中，灌溉制度应根据土壤质地、天气条件（降水、气温等）进行调整；而施肥制度则应考虑土壤养分状况、有机肥施用状况和葡萄树长势进行调整。

（1）山东棕壤区葡萄滴灌施肥方案 表4-20为山东棕壤区葡萄滴灌施肥方案。

表4-20 山东棕壤区葡萄滴灌施肥方案

生长发育期	灌溉次数	灌水定额/[米^3/(亩·次)]	每次灌溉加入灌溉水中的纯养分量/(千克/亩)			
			氮（N）	磷（P_2O_5）	钾（K_2O）	总养分（$N+P_2O_5+K_2O$）
秋季基肥	1	31	5.6	5.8	7.8	19.2
萌芽前	2	12~13	3.2	0	0	3.2
开花前	2	8~10	3.2	1.0	3.4	7.6
开花后	2	10~11	2.4	0.9	3.4	6.7
果实成熟初期	2	11~13	1.6	1.9	7.8	11.3
合计	9	113~125	26.4	13.4	37.0	76.8

应用说明如下：

1）本方案适用于胶东半岛丘陵坡地，棕壤性土、轻壤土质，有机质含量中等，有效磷和速效钾含量低。栽植密度为445株/亩，目标产量为1500千克/亩。

2）收获后落叶前每亩基施有机肥1200~1500千克，氮（N）5.6千克，磷（P_2O_5）5.8千克、钾（K_2O）7.8千克。钾肥使用硫酸钾。灌溉时采用沟灌，用水量为31米^3/亩。入冬前可根据土壤墒情决定是否浇冻水。浇冻水时采用滴灌，一般不施肥。

3）萌芽前滴灌2次，每次加入肥料，每次肥料品种可选用尿素7.0千克/亩。开花前滴灌施肥2次，每次肥料品种可选择尿素4.4千克/亩、工业级磷酸一铵1.6千克/亩、硝酸钾7.4千克/亩。开花后滴灌施肥2次，每次肥料品种可选用尿素2.7千克/亩、工业级磷酸一铵1.5千克/亩、硝酸钾7.4千克/亩。

4）果实成熟期滴灌施肥2次，每次肥料可用工业级磷酸一铵3.1千克/亩、硝酸钾17.0千克/亩。

5）进入雨季后，根据气象预报选择无雨时机注肥灌溉。在遇到连续降雨时，即使土壤含水量没有下降至灌溉始点，也要注肥灌溉，可适当减少灌溉水量。

6）在开花前3~5天喷施0.2%~0.3%的硼砂溶液，提高坐果率。浆果上色期叶面喷施0.3%的磷酸二氢钾溶液。

7）参照灌溉施肥方案提供的养分数量，可以选择其他的肥料品种组合，并换算成具体的肥料数量。不要使用含氯化肥。

（2）华北地区葡萄滴灌施肥方案　表4-21为华北地区丘陵坡地葡萄水肥一体化施肥方案。

表4-21　华北地区丘陵坡地葡萄水肥一体化施肥方案

生长发育期	灌溉次数	灌水定额/[米^3/(亩·次)]	每次灌溉加入的纯养分量/(千克/亩)				备注
			氮（N）	磷（P_2O_5）	钾（K_2O）	总养分（$N+P_2O_5+K_2O$）	
收获后落叶前	1	30	4.8	6.0	4.4	15.2	沟灌
休眠期	1	15	0	0	0	0	滴灌
萌芽前	1	12	1.6	0.7	1.6	3.9	滴灌
萌芽期	2	10	1.6	0.7	1.6	3.9	滴灌
开花初期	1	10	1.6	0.7	1.6	3.9	滴灌
坐果初期	1	12	2.3	0.7	2.0	5.0	滴灌
幼果至硬核期	1	12	1.5	0.7	2.0	4.2	滴灌
浆果上色前期	1	12	1.0	0.9	3.6	5.5	滴灌
浆果上色后期	1	12	0	0.9	3.6	4.5	滴灌
合计	10	135	16.0	12.0	22.0	50.0	

应用说明如下：

1）本方案适用于华北地区丘陵坡地，棕壤性土、砂壤或轻壤土质，土壤 pH 为 5.4~6.5，有机质含量中等，有效磷和速效钾含量低。栽植密度为 445 株/亩，目标产量为 1500 千克/亩。

2）收获后落叶前每亩基施有机肥 1000~1500 千克，氮（N）4.8 千克、磷（P_2O_5）6 千克、钾（K_2O）4.4 千克。钾肥使用硫酸钾。灌溉时采用沟灌，用水量为 30 米^3/亩。入冬前可根据土壤墒情决定是否浇冻水。浇冻水时采用滴灌，一般不施肥。

3）萌芽前滴灌 1 次，萌芽期滴灌 2 次，每次加入肥料。每次肥料可选用尿素 2.1 千克/亩、工业级磷酸一铵（N 12%，P_2O_5 61%）1.2 千克/亩、硝酸钾 3.6 千克/亩。

4）开花后至浆果上色前期是果树快速生长期，滴灌施肥 2 次。其中，快速生长前期肥料可选用尿素 3.4 千克/亩、工业级磷酸一铵 1.2 千克/亩、硝酸钾 4.5 千克/亩。快速生长后期肥料品种可选用尿素 1.6 千克/亩、工业级磷酸一铵 1.2 千克/亩、硝酸钾 4.5 千克/亩。

5）浆果上色前期和后期各滴灌施肥 1 次，其中浆果上色前期肥料可用工业级磷酸一铵 1.5 千克/亩、硝酸钾 8.1 千克/亩。浆果上色后期一般不施氮肥，只施磷、钾肥。

6）进入雨季后，根据气象预报选择无雨时机注肥灌溉。在遇到连续降雨时，即使土壤含水量没有下降至灌溉始点，也要注肥灌溉，可适当减少灌溉水量。

7）在开花前 3~5 天喷施 0.2%~0.3%的硼砂溶液，提高坐果率。浆果上色期叶面喷施 0.3%的磷酸二氢钾溶液。

8）参照灌溉施肥方案提供的养分数量，可以选择其他肥料品种组合，并换算成具体的肥料数量。不要使用含氯化肥。黄土母质或石灰岩风化母质地区参考本方案时，可适当降低钾肥用量。

（3）山西红提葡萄滴灌施肥方案 表 4-22 是按照微灌施肥制度的制定方法，在山西省栽培经验的基础上总结得出的红提葡萄膜下滴灌施肥方案。

表 4-22 红提葡萄膜下滴灌施肥方案

生长发育期	灌溉次数	灌水定额/[米^3/(亩·次)]	每次灌溉加入的纯养分量/(千克/亩)				备注
			氮（N）	磷（P_2O_5）	钾（K_2O）	总养分（N+P_2O_5+K_2O）	
收获后	1	50	0.2	10.5	0	10.7	沟灌基肥
萌芽前	1	24	5.4	2.4	4.0	11.8	滴灌

（续）

生长发育期	灌溉次数	灌水定额/[米^3/(亩·次)]	每次灌溉加入的纯养分量/(千克/亩)				备注
			氮（N）	磷（P_2O_5）	钾（K_2O）	总养分（$N+P_2O_5+K_2O$）	
开花前	2	13	3.2	2.2	1.0	6.4	滴灌
幼果膨大期	1	15	5.4	2.4	1.2	9	滴灌
	1	15	6.8	1.0	0.8	8.6	滴灌
浆果上色前	1	18	5.4	0.6	4.0	10	滴灌
成熟期	1	18	0	0.6	4.0	4.6	滴灌
合计	8	166	29.6	21.9	16	67.5	

应用说明如下：

1）本方案适用于山西南部黄土丘陵区，中壤土质，土壤 pH 为 8.4 左右，要求地势平坦，耕性良好，保肥、保水性好，品种为中晚熟红提葡萄，栽植密度为 330 株/亩，目标产量为 1100~1200 千克/亩。

2）秋季葡萄落叶后沟施基肥，每亩沟埋玉米秸秆 200 千克及优质畜禽肥 800~900 千克、氮（N）0.2 千克、磷（P_2O_5）10.5 千克。肥料可选择过磷酸钙 75 千克/亩和碳酸氢铵 1 千克/亩，增施碳酸氢铵 1 千克/亩，目的是调节碳氮比，促进玉米秸秆腐熟。同时，每亩沟灌 50 米^3 水。

3）萌芽前滴灌施肥 1 次。肥料可选用工业级磷酸一铵 3.9 千克/亩、尿素 10 千克/亩、硫酸钾 8 千克/亩。开花前滴灌施肥 2 次。每次肥料可选用工业级磷酸一铵 3.6 千克/亩、尿素 6 千克/亩、硫酸钾 2 千克/亩。

4）幼果膨大期一般滴灌施肥 2 次。肥料可用工业级磷酸一铵、尿素、硫酸钾。遇到旱情严重时可适当增加灌水量或灌水次数。灌水次数不可减少，只能根据降雨情况、土壤墒情提前或推后灌水。

5）浆果上色前滴灌施肥 1 次，肥料可选用工业级磷酸一铵、尿素、硫酸钾。果实成熟期滴灌施肥时不施入氮肥。

6）除滴灌施肥外，葡萄叶面喷肥也十分重要。早春萌芽后易出现叶片黄化现象，要及时喷施 0.2%~0.3%的尿素加 0.1%~0.2%的磷酸二氢钾溶液，在 10~15 天内连续喷施 3 次，可使叶色很快由黄变绿。生长前期叶面喷施磷酸二氢钾，开花前喷施 0.1%~0.3%的硼砂溶液可提高坐果率。生长中期叶面喷施 0.1%左右的硫酸锌溶液可以增加果重，提高产量。采收前果实喷施氨基酸叶面肥（氨基酸 10%、钙 2%），可提高果实品质，延长贮藏期。

7）参照灌溉施肥方案提供的养分数量，可以选择其他的肥料品种组合，并换算成具体的肥料数量。不要使用含氯化肥。

第五节　葡萄有机肥替代化肥新技术

2015年，农业部制定的《到2020年化肥使用量零增长行动方案》中提出的技术路径之四就是："四是替，即是有机肥替代化肥。通过合理利用有机养分资源，用有机肥替代部分化肥，实现有机无机相结合。提升耕地基础地力，用耕地内在养分替代外来化肥养分投入。"有机肥替代化肥技术是通过增施有机肥料、生物肥料、有机无机复混肥料等措施提供土壤和作物必需的养分，从而达到利用有机肥料并减少化肥投入的目的。

一、葡萄园农作物秸秆利用技术

农作物秸秆用作肥料的基本方法是将秸秆粉碎埋于葡萄园中进行自然发酵，或者将秸秆发酵后施于葡萄园中。

1. 葡萄园秸秆覆盖应用技术

在土壤进行基本耕作之后，在树下利用农作物秸秆覆盖地面（覆草），可抑制杂草、保持水土，同时覆盖物经分解腐烂后成为有机肥料，可改良土壤。试验表明，葡萄园年年覆草，平均可增产20%以上（彩图22）。

（1）覆草时间　覆草一年四季均可进行，但以3~4月和9~10月最为适宜，以提高土壤的蓄水保水能力和草的腐烂速度。

（2）覆草要求　稻草、麦秸、山草、油菜秆都可作为覆盖材料，覆盖时一般应铡成小段。覆草厚度为15~20厘米，覆盖面积的大小以大于果木根系的延伸面为宜。

（3）注意事项　陈旧秸秆含有多种病原菌和害虫虫卵，覆盖前应在烈日下摊晒2~3天，或用石灰水喷洒消毒后再用；覆盖前应深翻土壤，在树干基部一定范围内锄翻，以免造成对根系的严重破坏；若土壤过于干旱，应先灌溉浸润后再覆草，园内积水要排干后再覆盖；覆草时，为防止老鼠啃咬基部，树基40厘米内不可覆草；覆盖的秸秆上应撒盖薄薄的一层细土，以防风刮和火灾。

2. 秸秆催腐剂堆肥技术

催腐剂就是根据微生物中的钾细菌、氨化细菌、磷细菌、放线菌等有

益微生物的营养要求，以有机物（包括作物秸秆、杂草、生活垃圾）为培养基，选用适合有益微生物营养要求的化学药品制成定量氮、磷、钾、钙、镁、铁、硫等营养的化学制剂，有效地改善有益微生物的生态环境，加速有机物分解腐烂。该技术在玉米、小麦秸秆的堆沤中应用效果很好，目前在我国北方一些省（自治区、直辖市）开始推广。

秸秆催腐方法如下：选择离水源近的场所、地头、路旁平坦地。堆腐1吨秸秆需用催腐剂1.2千克，1千克催腐剂需用80千克清水溶解。先将秸秆与水按1∶1.7的比例充分湿透后，用喷雾器将溶解的催腐剂均匀喷洒于秸秆中，然后把喷洒过催腐剂的秸秆垛成宽1.5米、高1米左右的堆垛，用泥（厚约1.5厘米）密封，防止水分蒸发、养分流失，冬季为了缩短堆腐时间，可在泥上加盖薄膜提温保温。

使用催腐剂堆腐秸秆后，能加速有益微生物的繁殖，促进其中粗纤维、粗蛋白质的分解，并释放大量热量，使堆温快速提高，平均堆温达54℃。此法不仅能杀灭秸秆中的致病真菌、虫卵和杂草种子，加速秸秆腐解，提高堆肥质量，使堆肥比碳酸氢铵堆肥的有机质含量提高54.9%、速效氮提高10.3%、速效磷提高76.9%、速效钾提高68.3%，而且能使堆肥比碳酸氢铵堆肥中的氨化细菌增加265倍、钾细菌增加1231倍、磷细菌增加11.3%、放线菌增加5.2%，成为高效活性生物有机肥。

3. 秸秆速腐剂堆肥技术

秸秆速腐剂是在“301”菌剂的基础上发展起来的，由多种高效有益微生物、酶类及无机添加剂组成的复合菌剂。将速腐剂加入秸秆中，在有水的条件下，菌株能大量分泌纤维酶，在短期内将秸秆粗纤维分解为葡萄糖，因此施入土壤后可迅速培肥土壤，减轻作物病虫害，刺激作物增产，实现用地养地相结合。实际堆腐应用表明，采用速腐剂腐烂秸秆，高效快速，不受季节限制，且堆肥质量好。

秸秆速腐剂一般由两部分构成：一部分是以分解纤维能力很强的腐生真菌等为主的秸秆腐熟剂，质量为500克，占速腐剂总数的80%，它属于高湿型菌种，在堆沤秸秆时能产生60℃以上的高温，20天左右将秸秆堆腐成肥料；另一部分是由固氮、有机、无机磷细菌和钾细菌组成的增肥剂，质量为200克（每种菌均为50克），它要求30~40℃的中温，在翻捣肥堆时加入，旨在提高堆肥肥效。

秸秆速腐方法如下：按秸秆重的2倍加水，使秸秆湿透，含水量约为65%，再按秸秆重的0.1%加速腐剂，另加0.5%~0.8%的尿素调节碳氮比，也可用10%的人畜粪尿代替尿素。堆沤分3层，第一层、第二层各厚60厘米，第三层（顶层）厚30~40厘米，速腐剂和尿素用量比自下而上按4∶4∶2分配，均匀撒入各层，将秸秆堆垛（宽2米、高1.5米），堆好后用铁锹轻轻拍实，就地取泥封堆并加盖农膜，以保水、保温、保肥，防止雨水冲刷。此法不受季节和地点限制，干草、鲜草均可利用，成肥有机质含量可达60%，且含有8.5%~10%的氮、磷、钾及微量元素，主要用作基肥，一般每亩施250千克。

4. 秸秆酵素菌堆肥技术

酵素菌是由能够产生多种酶的好（兼）氧细菌、酵母菌和霉菌组成的有益微生物群体。利用酵素菌产生的水解酶的作用，可以在短时间内对作物秸秆等有机质材料进行糖化和氮化分解，产生低分子的糖、醇、酸，这些物质是有益微生物生长繁殖的良好培养基，可以促进堆肥中放线菌的大量繁殖，从而改善土壤的微生态环境，创造作物生长发育所需的良好环境。利用酵素菌把大田作物秸秆堆沤成优质有机肥后，可施用于葡萄树等经济价值较高的作物。

堆腐材料包括秸秆1吨、麸皮120千克、钙镁磷肥20千克、酵素菌扩大菌16千克、红糖2千克、鸡粪400千克。堆腐方法是：先将秸秆在堆肥池外喷水湿透，使含水量达到50%~60%，依次将鸡粪均匀铺撒在秸秆上，麸皮和红糖（研细）均匀撒到鸡粪上，钙镁磷肥和酵素扩大菌均匀搅拌在一起，再均匀撒在麸皮和红糖上面；用叉拌匀后挑入简易堆肥池里，底宽2米左右、堆高1.8~2米，顶部呈圆拱形，顶端用塑料薄膜覆盖，防止雨水淋入。

身边案例

葡萄树穿上秸秆“保暖鞋”[1]

浙江长兴小浦镇浦丰葡萄专业合作社社长蔡金方忙着给自己的葡萄树铺设秸秆，其500亩葡萄园中近一半的秸秆铺设工作已经完成。

说起蔡金方的秸秆情结，还要追溯到六七年前。在蔡金方看来，秸秆铺在葡萄树下，不仅能充分利用秸秆，还能起到保暖、除草的效果，更重要的一点是能给葡萄树保湿。当夏季高温天来临时，铺着稻草的葡萄树能保持水分七八天，相比没有铺稻草的葡萄树，保湿时间提升1倍有余。

[1] 引自2014年11月18日浙江在线网站。

尽管把秸秆铺在葡萄树下会带来很多好处，但是，这种想法还是被蔡金方搁置了很长时间，原因就是收集秸秆的成本太高。

不过现在，蔡金方又重新拾起了多年的想法并最终实现。而这主要得益于小浦镇最近启动的园地覆盖技术推广工作。原本需要蔡金方花力气上门去收购的秸秆，现如今由镇政府免费送上门。

当蔡金方在葡萄园里享受着秸秆综合利用带来的好处时，小浦镇的秸秆综合利用方式再次得到丰富。“1亩葡萄园可以利用半亩田的秸秆，而1亩苗木则可利用2亩田的秸秆。通过园地覆盖这种模式对秸秆进行综合利用，不仅解决了苗木、葡萄种植户的肥料等问题，同时也解决了农民手中秸秆的出路问题，有效抑制了秸秆焚烧现象。”小浦镇人大常委会副主席赵雪峰介绍，正是看到了园地覆盖技术带来的秸秆利用率的提升，该镇对它进行了大力倡导和推广。

截至目前，小浦镇已经完成10%的苗木基地、葡萄合作社的秸秆覆盖工作。下一步，园地覆盖综合利用秸秆这种方式还将在长兴全县范围内进行推广，从而更好地提高长兴秸秆综合利用率。

二、葡萄园生草栽培技术

葡萄园生草是一种优良的土壤生态耕作方式，符合当代所倡导的生态农业和可持续发展农业发展方向，欧美地区葡萄园普遍采用生草法或生草-覆盖法，而我国葡萄园土壤管理仍以清耕法为主。研究表明，葡萄园生草是一种先进的生态耕作技术，能够改善土壤质地，提高有机质含量，改善葡萄园生态环境，减少病虫害，提高葡萄与葡萄酒的品质，便于机械化管理，节省劳动力，减轻劳动强度，可抑制杂草生长，降低生产成本（彩图23）。

1. 葡萄园生草的作用

（1）改善土壤理化性状，减少环境污染　葡萄园生草可改善土壤物理性状，提高土壤微生物种群数量和土壤酶活性，提高土壤肥力、减少土壤表面水分蒸发、减少硝酸盐的累积对地下水及周围环境的污染，有利于提高土壤质量，葡萄园行间生草可促进植株根系向深层土壤发展，有利于根系对水分和养分的吸收。

（2）调控葡萄树生长，减少病虫害　葡萄园生草可有效控制植株生

长势，减少夏季和冬季修剪量，改善叶幕微气候，调节营养生长和生殖生长的平衡，提高叶片对光能和二氧化碳的利用率，提高葡萄园生物种群的多样性，减少葡萄叶片和果实主要病害的发生，从而减少葡萄园植株管理的劳动量，改善葡萄园生态环境，提高葡萄浆果品质。

（3）提高果实品质 葡萄园行间生草提高葡萄与葡萄酒的品质。葡萄园生草提高了葡萄浆果的含糖量、降低了含酸量、提高了葡萄浆果与葡萄酒中多酚化合物、花色素苷的含量，改善了葡萄酒的香气成分，使葡萄酒颜色加深，结构感明显增强，品评结果优于清耕对照。

2. 葡萄园生草技术

（1）生草模式 主要采用两种生草模式：①葡萄园行间人工生草，在距离植株 30~50 厘米的行间播种牧草，行内（树盘）清耕或免耕；②葡萄园行间自然生草，在距离植株 30~50 厘米的行间保留自然优势草，行内（树盘）清耕或免耕。葡萄园生草在不埋土地区是一种最佳的土壤管理模式。

（2）草种选择 葡萄园生草要求草低矮、生长迅速、产草量大、需肥量小，最好选择有固氮作用的豆科植物，没有或很少发生与葡萄树相同的病虫害。目前使用较多的有三叶草、野燕麦、紫云英、毛叶苕子（图 4-2）、沙打旺、白三叶、小冠花、百脉根、黑麦草、紫叶苋等。关于具体草种，葡萄园应根据当地的立地条件进行选择。

图 4-2 葡萄园行间种植毛叶苕子

（3）播种时间 草种萌芽生长需要一定的温度和较高的土壤水分，

人工生草一般在春季或秋季，当土壤温度稳定在15~20℃以后进行播种，且最好是在降雨（小雨）较多的时期进行播种，可有效地提高出苗率、促进幼草生长。陕西渭北地区宜种时间是春季的4~5月或秋季的8~9月。

（4）播种量　不同草种因种子大小有较大差异，适宜的播种量也就不同。葡萄园播种白三叶草每亩需0.75千克、紫花苜蓿每亩需1.2千克、多年生黑麦草每亩需1.5千克等。

（5）播种方法　播种前，首先应清除葡萄园内的杂草，深翻地面20厘米，墒情不足时，翻地前要灌水补墒，翻后要用耧耙整平地面。条播、撒播均可，条播更便于管理。草种宜浅播，一般播种深度为0.5~1.5厘米；禾本科草类播种时相对较深，一般为3厘米左右。条播时，挖深0.5~1.5厘米的沟，将草种与适量细沙（草种的3~5倍）混匀播种在浅沟内，用细沙或细土填沟。撒播时，将混匀的草种和细沙均匀的撒播在整平的葡萄树行间，用菜耙轻轻地划过。为了保持土壤墒情、有利于出苗，有条件时可以用麦秸等覆盖，不宜用大水漫灌。

3. 葡萄园生草配套技术

（1）苗期管理　种草当年的管理是种草成功的关键。春季播种，如果遇到天气干旱，要适量补水或少量覆草，确保出苗整齐，防止伏旱造成死苗。秋季播种，冬季可覆盖农家肥或黄土，有利于幼苗安全越冬。在幼苗期要勤除杂草，促使草尽快覆盖地面。

（2）牧草管理　生草第二年以后，当牧草生长超过30厘米时应及时刈割并覆盖于树盘，刈割留茬5~10厘米。在生长前期要勤割草，有利于葡萄树早期生长；中期花芽分化时要割草1次，保证树体地下营养的供给；后期要利用草的生长吸收土壤多余的氮营养，促进果实着色，同时保证最后一次割草时留下部分草籽，为来年所用。割下来的牧草用于覆盖树冠下的清耕带，即生草与覆草相结合，达到以草肥地的目的。

（3）土壤管理　在牧草生长初期应适当的追施氮肥，促其尽快生长。如果有水源，在干旱的季节（尤其是春季萌芽前后）应适当灌溉，以保证葡萄新梢的生长和果实发育。生草葡萄园每隔4~6年，在秋季结合施基肥可分年逐步翻压进行更新。

（4）植株管理　生草葡萄园植株管理与一般葡萄园相同，病虫防治用药要避开天敌繁殖期，结合树体喷药，同时也要对地面牧草防治病虫害。

三、葡萄有机肥替代化肥技术模式

近年来，由于化肥的过量施用，不少葡萄园出现了土壤板结、果品质量下降的问题，不仅提高了生产成本，还降低了经济效益。建议葡萄园重点推广“有机肥+配方肥”模式、“有机肥+生草+水肥一体化”模式。

1. “有机肥+配方肥”模式

（1）秋施基肥　有机肥适宜作为基肥（秋肥、冬肥）施用，要选择充分腐熟的畜禽粪肥或者堆肥，严禁施用半腐熟有机肥甚至生粪，每亩施3000~4000千克或商品有机肥600~800千克、45%配方肥（18-13-14或相近配方）25~30千克。缺硼、锌、镁和钙的葡萄园，相应施用硫酸锌1~1.5千克/亩、硼砂1~2千克/亩、硫酸钾镁肥5~10千克/亩、过磷酸钙50千克/亩左右，与有机肥混匀后在9月中旬~10月中旬施用（晚熟品种在采收后尽早施用）；施肥方法采用穴施或沟施，穴或沟深40厘米左右。

（2）配方肥分期施用　分2~3次施用配方肥，第一次在4月中旬进行，以氮磷肥为主，建议配方为45%（20-15-10或相近配方），每亩施30千克左右；第二次在6月初果实套袋前后进行，根据留果情况将氮、磷、钾配合施用，配方为45%（20-15-10或相近配方），每亩施50千克左右；第三次在7月下旬~8月中旬，配方为45%（15-5-25或相近配方），每亩施50千克左右。根据降雨、树势和产量情况采取少量多次的方法施入，以钾肥为主，配合少量氮、磷肥。在雨水多的季节，肥料可分几次开浅沟（深10~15厘米）施入。

（3）叶面喷施　开花前至初花期喷施0.3%~0.5%的优质硼砂溶液；坐果后到成熟前喷施3~4次0.3%~0.5%的优质磷酸二氢钾溶液；幼果膨大期至转色前喷施0.3%~0.5%的优质硝酸钙溶液或者氨基酸钙肥。

2. “有机肥+生草+水肥一体化”模式

（1）果园生草　葡萄园生草可在行间人工生草，也可在行间自然生草，具体方法同葡萄园生草技术。

（2）秋施有机肥　有机肥适宜作为基肥（秋肥、冬肥）施用，要选择充分腐熟的畜禽粪肥或者堆肥，严禁施用半腐熟有机肥甚至生粪，每亩施2000~3000千克或商品有机肥500~600千克、45%配方肥（18-13-14或相近配方）30~35千克。缺硼、锌、镁和钙的葡萄园，相应施用硫酸锌1~1.5千克/亩、硼砂1~2千克/亩、硫酸钾镁肥5~10千克/亩、过磷酸钙50千克/亩左右，与有机肥混匀后在9月中旬~10月中旬施用（晚熟品

种采收后尽早施用）；穴施或沟施，穴或沟深40厘米左右。

（3）水肥一体化　采用水肥一体化栽培管理的田块，在葡萄树萌芽到开花前，追施平衡型复合肥（$N:P_2O_5:K_2O=1:1:1$）8~10千克/亩，每10天追肥1次，共追3次；开花期追肥1次，以氮、磷肥为主，$N:P_2O_5:K_2O=2:1:1$，施肥量为5~7千克/亩，辅以叶面喷施硼、钙、镁肥；果实膨大期着重追施氮肥和钾肥（$N:P_2O_5:K_2O=3:2:4$）25~30千克/亩，每10天追肥1次，共追肥9~12次；着色期追施高钾型复合肥（$N:P_2O_5:K_2O=1:1:3$）5~6千克/亩，每7天追肥1次，叶面喷施补充中、微量元素。控制总氮、磷、钾投入量为氮肥（N）28~35千克/亩、磷肥（P_2O_5）18~23千克/亩、钾肥（K_2O）25~30千克/亩。

第六节　设施栽培葡萄科学施肥

与露地栽培葡萄相比，设施栽培葡萄的蔓、叶生长特点不同，土壤中肥料分解和养分流失特点不同，因此，施肥技术也有别于露地栽培。

一、设施栽培葡萄的蔓、叶生长特点

设施栽培葡萄的类型主要有南方先促成后避雨栽培、南方避雨栽培、北方日光温室栽培等，其葡萄蔓、叶生长特点与露地栽培葡萄有所不同。

1. 南方先促成后避雨栽培葡萄

避雨栽培有利于欧亚种葡萄栽培，减少病害，提高浆果品质，延长采收期等，可达到增加栽培效益的目的。促成栽培是利用日光或人工加温使环境升温，达到显著提早成熟的一种栽培方式。促成栽培还有明显增大果粒、提高坐果、增加风味等功能。从年周期看，先保温促成，后随季节转暖转成避雨栽培，一气呵成，促成与避雨的优越性完美地结合在一个生长季中，成为目前南方大棚或连栋大棚设施栽培葡萄的一种主体模式。与避雨栽培葡萄相比较，其蔓、叶生长具有以下特点：

（1）生长发育期延长，萌芽至成熟天数增加　据杨治元试验，无核白鸡心先促成后避雨栽培萌芽至开始成熟为136~152天，活动积温为3288~3293℃；始花至开始成熟为90~99天，活动积温为2410~2417℃。而避雨栽培萌芽至开始成熟为125~135天，活动积温为3022~3027℃；始花至开始成熟为85~93天，活动积温为2265~2276℃。两种栽培方式比较，萌芽至开始成熟相差11~17天，活动积温相差约266℃；始花至开始

成熟相差5~6天，活动积温相差141~145℃；新梢生长期长6~11天，果实膨大期长6天左右，全生长发育期延长，生长量增加。

(2) 蔓、叶有轻度徒长 由于棚膜覆盖，棚内光照为棚外的68%左右，光照减弱1/3左右。萌芽后晴天、多云的上午，棚温较快上升到25℃以上，而露地栽培时萌芽后气温是逐步上升的，因此，覆膜增温期新梢节间比避雨、露地栽培平均增长1~3厘米，叶片较大、较薄，叶色较浅，表现出徒长症状。

2. 南方避雨栽培葡萄

中熟品种如藤稔等，着色成熟期是伏夏高温天气，挂果偏多的葡萄园着色较慢，成熟采收期比露地栽培迟3~5天。蔓、叶徒长表现不明显，覆膜避雨阶段叶片较薄，叶色较浅（彩图24）。

3. 北方日光温室栽培葡萄（图4-3）

(1) 物候期提前 与露地栽培相比，日光温室栽培葡萄的萌芽期、开花期、果实成熟期均提前2个月。京秀、京亚等早熟品种5月就成熟上市，而露地栽培品种7月下旬才开始成熟，上市早2个多月。

(2) 蔓、叶徒长 与露地栽培相比，日光温室栽培葡萄表现为节间长，叶片较大、较薄，叶色较浅。

图4-3 葡萄日光温室栽培

二、设施栽培葡萄的土壤养分特点

与露地栽培相比，设施栽培葡萄的土壤养分出现一定变化，主要表现

在以下两方面：

1. 肥料淋失少

无论南方的先促成后避雨栽培和避雨栽培，还是北方的日光温室栽培，在设施覆膜阶段，园土不受雨淋，土壤养分淋失少，尤其是在多雨的南方。

2. 有利于肥料分解

施入土壤的各种肥料，包括有机肥料和有些化学肥料如尿素，葡萄根系基本不能直接吸收；需经过微生物分解作用，转化为无机态才能吸收，南方先促成后避雨栽培和北方日光温室栽培时有机肥料易分解。其原因为：

（1）土温上升快　据杨治元试验，棚内土层10厘米处的土温较稳定上升到15℃是在3月20日前后，上升到20℃是在4月10日前后，比露地的土温达到相同的温度分别提早20~28天、30~35天。分解土壤有机质的微生物在土温15℃以上繁殖速度加快，在20℃以上进入快速繁殖期，所以大棚内的有机肥料分解早、分解快。

尿素分解在土温10℃时需要7~10天，20℃时需要4~5天，30℃时只需要2天即可全部分解转化。覆膜增温阶段的大棚栽培葡萄园施用的尿素由于土温高而转化快。

（2）土壤水分易合理掌握　土壤中的有机肥料分解与土壤含水量关系很大。土壤含水量适当，氧气较充足，好氧型微生物较多，有机肥料分解快而且较完全。设施栽培可以人为调控土壤含水量，因此有利于肥料分解转化。

三、设施栽培葡萄科学施肥技术

1. 设施栽培葡萄的营养元素变化规律

据刘爱玲（2012年）研究，随着设施葡萄树体新梢的生长，叶面积增大，氮的需要量也逐渐增大，到硬核期后单日吸收量达到最大值；成熟期后单日吸收量一度下降，至采收期后又出现一个小高峰。对磷的吸收变化比较平缓，在快速膨大期至成熟期保持了最高的单日吸收量，但变化比氮小。对钾的吸收与磷相似，对氮的吸收量远大于磷，膨大期和转色期的单日吸收量保持在较高水平，成熟期后吸收量相对较低。对钙的吸收在硬核期前上升缓慢，硬核期后开始迅速升高，至转色期达到最大，成熟期后开始下降，在果实采收期后新梢第二次快速生长期又略有上升。对镁的吸

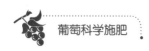

收前期缓慢上升，至开花后 86 天左右达到高峰，之后又开始下降。对微量元素的吸收以铁最多，其次为硼，锰、锌、铜差异不大。

2. 设施葡萄科学施肥方法

（1）基肥　在 9 月中旬～10 月上旬，每亩施腐熟有机肥 4000～5000 千克、过磷酸钙 100 千克、硼砂 1 千克、硫酸锌 1～2 千克、生物有机肥 50 千克。施肥时要及时灌水。

（2）根际追肥　根据设施葡萄的需肥特点，1 年需施肥 5 次。

1）催芽肥。升温后 2～3 天追施催芽肥。以氮肥为主，适当配施磷、钾肥，每亩追施尿素 10 千克、三元复合肥（15-15-15）30 千克。土壤相对湿度保持在 70%～80%，以促使发芽整齐和促进枝梢花穗发育。

2）花前肥。葡萄树萌芽后 30 天（开花前 7～10 天）每亩追施三元复合肥（15-15-15）20～25 千克。土壤湿度保持在 80%左右，以满足开花坐果的需要。

3）膨果肥。分 2 次进行，第一次在葡萄开花后 5～7 天，每亩追施高氮复合肥 40～50 千克；第二次隔 7 天，每亩追施高钾型复合肥 40 千克。土壤湿度保持在 70%～80%，以满足幼果膨大的需要。

4）着色肥。每亩追施硫酸钾 15～20 千克，在葡萄着色前 10～15 天（葡萄硬核期）进行。

5）采后肥。葡萄采收后 4 天内追施高氮复合肥 15～20 千克，并及时浇水促使树体恢复。

（3）叶面喷肥　3～4 片新叶期喷施 500～1000 倍含腐殖酸水溶肥或 500～1000 倍含氨基酸水溶肥，花序分离期喷施 0.1%～0.2%的硼砂溶液、0.2%～0.3%的硫酸锌溶液，坐果后 10 天喷施 0.3%～0.5%的磷酸二氢钾溶液。

3. 设施葡萄水肥一体化技术

以设施葡萄滴灌栽培为基础，各种肥料用量以高产、优质、无公害、环境友好为目标，选用有机无机复合肥料、长效缓释肥料、有机活性水溶肥料，各地在具体应用时，可根据当地葡萄树势和品种、测土配方推荐用量进行调整。

（1）秋施基肥　在 9 月中旬～10 月上旬，每亩施腐熟有机肥 4000～5000 千克、葡萄树有机型专用肥 50～70 千克、硼砂 1 千克、硫酸锌 1～2 千克；或尿素 5～10 千克、过磷酸钙 100～120 千克、钾肥 12～15 千克。

（2）滴灌追肥　结合灌水，利用水肥一体化技术进行追肥。具体追

肥方案见表4-23。

表4-23　设施葡萄水肥一体化追肥方案　　（单位：千克/亩）

施肥时期	增效磷铵	硝酸铵磷	硝酸钾	硝酸铵钙	氯化钾
伤流期	3	5		5	
萌芽期	3	7	3		
3~4叶期	3	7	3		
7~8叶期	3	7	3		
花期	3	6	5		
坐果初期	4	7	5	5	
浆果膨大期	3	6	6	5	
浆果膨大期	3	6	6		
浆果二次膨大期	3	4	7		3
浆果着色期			8		5
浆果着色期					10
合计	28	55	46	15	18

也可参照以下方案进行追肥：

1）催芽肥。升温后2~3天追施催芽肥。每亩施有机水溶肥（20-0-5）15~20千克、增效尿素8~10千克；或每亩施硫基长效水溶滴灌肥（10-15-25）15~20千克。

2）开花前。设施葡萄萌芽后30天（开花前7~10天），每亩施有机水溶肥（20-0-5）20~25千克；或每亩施硫基长效水溶滴灌肥（10-15-25）18~22千克。

3）膨果期。分2次进行，第一次在葡萄开花后5~7天，每亩施有机水溶肥（20-0-5）25~30千克。第二次隔7天，每亩施硫基长效水溶滴灌肥（10-15-25）20~25千克。

4）着色肥。在葡萄着色前10~15天（葡萄硬核期）每亩施硫基长效水溶滴灌肥（10-15-25）10~15千克。

5）采后肥。葡萄采收后4天内，每亩施有机水溶肥（20-0-5）10~15千克。

（3）根外追肥　抽梢期叶面喷施500~1000倍含腐殖酸水溶肥或500~1000倍含氨基酸水溶肥、1500倍活力硼叶面肥2次，间隔15天。幼果期叶面喷施500~1000倍含氨基酸水溶肥、1500倍活力钾叶面肥、1500倍活力钙叶面肥2次，间隔15天。浆果着色初期叶面喷施500~1000倍含腐殖酸水溶肥、喷施1500倍活力钾2次，间隔15天。采收后叶面喷施500~1000倍含腐殖酸水溶肥或500~1000倍含氨基酸水溶肥、500~1000倍大量元素水溶肥2次，间隔15天。

身边案例

南方避雨栽培葡萄科学施肥技术

（1）整地与施基肥　葡萄是多年生果树，根深叶茂才能达到早果、优质、稳产。因此，要选择地势较高，排水良好或将低田改造成排水良好的地块。对全园进行耕翻，行距为260~280厘米，每2行要有1条宽、深各30厘米以上的灌、排水沟。行中间挖栽植沟，宽40~60厘米、深30~50厘米，根据地理条件，表土与心土分开堆放。整畦时把边上和面上较疏松的土往中间耙成龟背形，以推高有效土层。

挖好栽植沟后，在沟底放一层麦秸、稻（杂）草等，与土混合，铺一层松表土，在其上再铺有机肥，按每亩3000~5000千克的畜禽粪或200千克左右的饼肥施入栽植沟，与每亩50~75千克磷肥及表土混合，最后填上心土，略高于地面成龟背形。

整地、整畦、施肥必须在入冬前完成，以便使翻耕及挖沟翻上来的土块经冬季冰冻后自然氧化，从而达到腐熟基肥、杀虫、松土、肥土的目的。

（2）根际追肥　主要追施促根肥、催条肥、壮条肥等。

1）促根肥。4片叶展开后，开始施肥浇水，每担（50千克）用尿素50~100克拌入30%的粪清水中浇施2~3次，也可在雨前撒施。此时因以抗旱为主，每隔7~10天浇透水1次。

2）催条肥。到4月下旬或膜下杂草已旺，可揭膜除草，每亩撒施10千克复合肥，要像播谷种一样均匀地撒施在宽60厘米左右的地面上，不能集中施在垄上，然后覆草再浇水。以后每隔10~15天撒尿素5千克，在雨前或抗旱浇水前施下，每施2次尿素再穿插施1次复合肥。小苗叶片湿时不能撒施，以免肥料沾着叶片造成肥害。以后视苗木长势可延长间隔期，如20天1次，7月以后可单施复合肥，至8月底结束化肥施用。要注意防止肥害的发生，肥害发生的原因主要是肥料集中在根部周围，又超过根系能承受的浓度所致。

3）壮条肥。入秋后根据长势可开始施10~15千克/亩的普通兼价复合肥，以确保冬芽饱满、株条成熟后过冬。

（3）叶面喷肥　结合施药，5月底前用进口尿素0.2%，以后用磷酸二氢钾0.2%。

抗旱施肥最好的办法是灌半沟水然后浇施，在晴热天气，要多考虑浇水抗旱，以保持土壤湿润。在梅雨期或多雨天气，要注意排水，表层土壤不能积水。

第五章

健康葡萄生产科学施肥

健康葡萄是指源于清洁的生态环境，在葡萄树生长期间或完成生长后的加工、运输过程中，无任何有毒有害物质残留，或残留物质控制在对人体无害的范围之内的农产品及以此为原料的加工产品的总称。因此健康葡萄生产除对生产环境有较为严格的质量要求外，对农产品生产过程中的施肥管理也有严格的规定。

第一节　健康合格葡萄生产科学施肥

2018 年 11 月 20 日，农业农村部农产品质量安全监管司组织召开的无公害农产品认证制度改革座谈会上，农产品质量安全监管司司长肖放表示，停止无公害农产品认证工作，在全国范围启动合格证制度试行工作。因此本书以健康合格葡萄代替过去的无公害葡萄。

一、健康合格葡萄生产对产地环境的要求

基地的大气、灌溉水、土壤质量符合国家或全国农业行业相关果品产地环境标准，属于葡萄的生态最适宜区或适宜区。选择坡度在 25 度以下，土层深厚、有机质丰富、地下水位 1 米以下、生态条件良好，远离污染源并具有可持续生产能力的农业区域建设基地。定期对产地环境的空气质量、灌溉水质进行检测。

1. 健康合格葡萄生产的对土壤环境的要求

健康合格葡萄应当选择生态环境良好的区域，无污染，或污染物限量在允许范围内，土壤质量指标可参考表 5-1，根据各地情况进行适当调整。

表 5-1　健康合格葡萄生产产地土壤质量标准

项目	指标/(毫克/千克)		
	pH<6.5	pH 6.5~7.5	pH>7.5
总汞	≤0.30	≤0.50	≤1.0
总砷	≤40	≤30	≤25
总铅	≤250	≤300	≤350
总镉	≤0.30	≤0.30	≤0.60
总铬	≤150	≤200	≤250
六六六	≤0.5	≤0.5	≤0.5
滴滴涕	≤0.5	≤0.5	≤0.5

2. 健康合格葡萄生产对水环境质量的要求

健康合格葡萄除了对水的数量有一定要求外，更重要的是对水环境质量的要求，即生产用水不能含有污染物，特别是重金属和有毒有害物质，如汞、铅、镉、铬、酚、苯、氰等。健康合格葡萄生产对产地灌溉水质也有一定的要求，各地可根据实际情况参考表 5-2 进行调整。

表 5-2　健康合格葡萄生产产地灌溉水质指标

项目	浓度指标	项目	浓度指标
氯化物/(毫克/升)	≤250	铅/(毫克/升)	≤0.10
氰化物/(毫克/升)	≤0.5	镉/(毫克/升)	≤0.005
氟化物/(毫克/升)	≤3.0	铬（六价）/(毫克/升)	≤0.10
总汞/(毫克/升)	≤0.001	石油类/(毫克/升)	≤10
砷/(毫克/升)	≤0.10	pH	5.5~8.5

3. 健康合格葡萄生产对空气质量的要求

健康合格葡萄生产对产地空气质量有一定的要求，各地可根据实际情况参考表 5-3 进行调整。

表 5-3　健康合格葡萄生产产地空气质量指标

项目	指标	
	日平均	1 小时平均
总悬浮颗粒物（TSP，标准状态）/(毫克/米^3)	≤0.3	
二氧化硫（SO_2，标准状态）/(毫克/米^3)	≤0.15	≤0.50

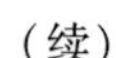
（续）

项目	指标	
	日平均	1小时平均
氮氧化物（NO_x，标准状态）/（毫克/米^3）	≤0.12	≤0.24
氟化物（F）/[微克/（分米^3·天）]	月平均10	
铅（标准状态）/（微克/米^3）	季平均1.5	

二、健康合格葡萄生产的肥料选用

健康合格葡萄生产对所施用的肥料有较严格的要求。

1. 允许施用的肥料

健康合格葡萄生产中允许使用的肥料有以下几种：

（1）农家肥 农家肥是就地取材、就地使用的各种有机肥料，由含有大量生物物质的动植物残体、排泄物、生物废物等积制而成。农家肥包括厩肥（猪、牛、羊、马、鸡、鸭、鹅、兔、鸽等粪尿肥）、堆肥、沤肥、未经污染的泥肥、各种饼肥，以及绿肥和作物秸秆肥。作物秸秆肥最好经过发酵。

（2）商品有机肥、有机复合肥 这些也是以生物物质、动植物残体和排泄物、生物废弃物等为原料，加工制成的肥料。有机复合肥还要在有机肥制造过程中加入允许施用的化学肥料。

（3）沼气肥 这是指沼气发酵产生的沼渣、沼液。沼渣要经过检测，确保重金属含量不超标。

（4）腐殖酸类肥料 腐殖酸类肥料是以泥炭、草炭、褐煤、风化煤为原料生产的。腐殖酸类肥料主要有腐殖酸铵、腐殖酸钾、腐殖酸钠，以及腐殖酸复合肥、含腐殖酸水溶肥料等。腐殖酸比较能抗微生物分解，是一种缓效的有机肥料。

（5）微生物制剂 根据生物肥料改善植物营养元素的不同，可分成根瘤菌肥料、固氮菌肥料、磷细菌肥料、硅酸盐细菌肥料、功能性微生物菌剂、复合微生物肥料。这类肥料无毒无害，通过微生物活动改善土壤营养或产生植物激素促进葡萄树生长。

（6）化学肥料 这是一类矿物经物理或化学工业方式制成，养分呈无机盐形式的肥料。包括矿物钾肥和硫酸钾、矿物磷肥（磷矿粉）、煅烧磷酸盐（钙镁磷肥、脱氟磷肥）、石灰、石膏、硫黄等。

（7）叶面肥料　叶面肥料是以大量元素、微量元素、氨基酸、腐殖酸为主配制成的，喷施于植物叶片并能被其吸收利用。包括含微量元素的叶面肥料和含植物生长辅助物质的叶面肥料等。叶面肥料中不得含有化学合成的生长调节剂。

（8）微量元素肥料　这是以铜、铁、锌、锰、硼、钼等微量元素为主配制的肥料。

（9）复合（混）肥料　这主要是指以氮、磷、钾中2种或2种以上的肥料按科学配方配制而成的有机和无机复合（混）肥料。

（10）其他肥料　其他肥料包括由不含合成添加剂的食品、纺织工业的有机副产品，不含防腐剂的鱼渣，猪、牛、羊毛肥料，骨粉，氨基酸残渣，骨胶废渣，家畜加工废料等有机物制成的肥料，还包括有机食品、绿色食品生产允许使用的其他肥料。

2. 限量、限制施用的肥料

限量施用氮素化肥、含氮复合肥，使有机氮和无机氮之比达到1∶1左右。秸秆还田允许施用少量氮素化肥调节碳氮比。限制施用含氯复合肥。

3. 禁止施用的肥料

禁止施用硝态氮肥。劣质磷肥中含有有害金属和三氯乙醛，会造成土壤污染，也不能施用。

所有施用的商品肥料必须符合国家规定，禁止使用未经国家或省级农业部门登记的肥料。

三、健康合格葡萄生产的肥料施用原则

健康合格葡萄生产必须选用允许施用的肥料种类，并遵循以下原则：

1. 增施有机肥料，有机无机配合

实践证明，增施有机肥料，能够给葡萄树提供各种矿质营养和有机营养，改善葡萄园土壤理化性状，提高化学肥料肥效，提高设施栽培的二氧化碳浓度，改善浆果品质。因此，要广辟肥源，施用各种有机肥料。要重视有机肥料的施用，根据生长发育期施肥，合理搭配氮、磷、钾肥，视葡萄品种、产量水平、长势、天气等因素调整施肥计划；合理分配现有有机肥资源，将其重点分配在健康合格葡萄生产上；加强有机肥养分再循环，开发利用城市有机肥源，生产商品有机肥料；推广秸秆覆盖还园技术，缓解有机肥源和钾肥资源不足；积极发展绿肥，扩大生草栽培面积。

现阶段单纯依靠有机肥支撑健康合格葡萄的生产，是远远不能满足人民日益增长的物质生活需求的。有机肥与无机肥配合施用，是实现健康合格葡萄大面积大批量生产的根本。有机肥与化肥配合使用，有利于土壤有机质更新，激发原有腐殖质的活性，提高土壤阳离子的代换量；有利于提高土壤酶的活性，增加葡萄树对养分的吸收性能、缓冲性能和作物的抗逆性能；有利于协调氮素均衡稳定、长效，提高氮、磷、钾肥利用率，缓解施肥比例失调状况；有利于改善果品品质，提高蛋白质、氨基酸等营养成分含量，减少葡萄中的硝酸盐、亚硝酸盐含量。

2. 平衡矿质营养，增施钾肥

根据研究，葡萄树对氮、磷、钾三要素吸收的大致比例为1∶0.5∶1.2，还需要吸收较多的钙、镁，也需要吸收一定量的铁、锌、硼等微量元素。要根据葡萄园的生态条件、土壤肥力及肥料利用率，要做到控氮，稳磷，增钾，补中、微量元素，达到平衡施肥。而有机肥料中一般含氮较多，含磷、钾较少。葡萄树是喜钾作物，需钾量明显高于其他果树，因此施用三元复合肥时，应选用高钾型三元复合肥，满足葡萄树对钾的需求。

3. 补施中、微量营养，推广水肥一体化技术

土壤酸性较强的葡萄园，适量施用石灰、钙镁磷肥来调节土壤酸碱度和补充相应养分；采用适宜施肥方法，有针对性施用中、微量元素肥料，预防裂果；施肥与其他管理措施相结合，有条件的实行水肥一体化技术，遵循少量多次的灌溉施肥原则。

四、健康合格葡萄生产的科学施肥建议

借鉴2016年—2023年农业农村部葡萄科学施肥指导意见和相关测土配方施肥技术研究资料和书籍，提出施肥推荐方法，供农民朋友参考。

1. 根据产量水平确定用肥

根据当地葡萄园生产水平，依据产量水平确定施肥用量。一般每亩产量为1500千克以下的葡萄园，施氮肥（N）10~15千克/亩、磷肥（P_2O_5）5~10千克/亩、钾肥（K_2O）10~15千克/亩；每亩产量为1500~2000千克的葡萄园，施氮肥（N）15~20千克/亩、磷肥（P_2O_5）10~15千克/亩、钾肥（K_2O）15~20千克/亩；每亩产量为2000千克以上的葡萄园，施氮肥（N）20~25千克/亩、磷肥（P_2O_5）15~20千克/亩、钾肥（K_2O）20~25千克/亩。

2. 增施有机肥，秋施基肥

秋施基肥应在上一年9月中旬~10月中旬（晚熟品种采收后尽早施

用），在有机肥基础上施用20%的氮肥、20%的磷肥、20%的钾肥。根据肥源，可选用下列组合之一：每亩施生物有机肥50~70千克、无害化处理过的有机肥4000~5000千克、葡萄树有机型专用肥50~70千克、硼砂1千克、氨基酸螯合锌1~2千克；或每亩施生物有机肥50~70千克、无害化处理过的有机肥4000~5000千克、含促生真菌生物复混肥（20-0-10）50~70千克、腐殖酸型过磷酸钙50~70千克、硼砂1千克、氨基酸螯合锌1~2千克；或每亩施生物有机肥50~70千克、无害化处理过的有机肥4000~5000千克、腐殖酸高效复混肥（15-5-20）60~70千克；或每亩施生物有机肥50~70千克、无害化处理过的有机肥4000~5000千克、增效尿素5~10千克、腐殖酸型过磷酸钙100~120千克、大粒钾肥12~15千克。

3. 补施中、微量元素

土壤缺硼、锌、镁和钙的葡萄园，秋施基肥时相应施用硫酸锌0.5~1千克/亩、硼砂0.5~1.0千克/亩、硫酸钾镁肥0.1~0.2千克/亩、过磷酸钙15~20千克/亩，与有机肥混匀后在9月中旬~10月中旬施用（晚熟品种采收后尽早施用）；施肥方法采用穴施或沟施，穴或沟深40厘米左右。开花前至初花期喷施0.3%~0.5%的优质硼砂溶液，坐果后到成熟前喷施3~4次0.3%~0.5%的优质磷酸二氢钾溶液，幼果膨大期至采收前喷施0.3%~0.5%的优质硝酸钙溶液。

4. 适宜时期追肥

追肥分3次施用：第一次在4月中旬进行，以氮、磷肥为主，施用20%的氮肥、20%的磷肥、10%的钾肥；第二次在6月初果实套袋前后进行，根据留果情况将氮、磷、钾配合施用，施用40%的氮肥、40%的磷肥、20%的钾肥；第三次在7月下旬~8月中旬，施用20%的氮肥、20%的磷肥、50%的钾肥，根据降雨、树势和产量情况采取少量多次的方法进行，以钾肥为主，配合少量氮磷肥。

5. 推广水肥一体化技术

采用水肥一体化栽培管理的高产葡萄园，萌芽到开花前，每次追施氮（N）、磷（P_2O_5）、钾（K_2O）各1.2~1.5千克/亩，每10天追肥1次；开花期追肥1次，追施氮（N）0.9~1.2千克/亩、磷（P_2O_5）0.9~1.2千克/亩、钾（K_2O）0.45~0.55千克/亩，辅以叶面喷施硼、钙、镁肥；果实膨大期着重追施氮肥和钾肥，每次追施氮（N）2.2~2.5千克/亩、磷（P_2O_5）1.4~1.6千克/亩、钾（K_2O）3~3.2千克/亩，每10~12天追肥1次；着色期追施高钾型复合肥，每次追施氮（N）0.4~0.5千克/

亩、磷（P_2O_5）0.4~0.5千克/亩、钾（K_2O）1.3~1.5千克/亩，每7天追肥1次，叶面喷施补充中、微量元素。

第二节　绿色葡萄生产科学施肥

绿色葡萄是无污染的安全、优质、营养的果品，合理施用肥料是生产绿色葡萄的重要环节，对肥料种类和施用方法的规范要求，不仅是为了保证绿色食品的品质，同时也是为了更好地保护产地生产环境和再生产能力，节省资源能源，逐步提升葡萄园土壤肥力，提高果品品质，改善生态环境。

一、绿色葡萄生产对产地环境的要求

1. 绿色葡萄生产对产地土壤质量要求

绿色葡萄生产要求产地土壤元素位于背景值正常区域，周围没有金属或非金属矿山，并且没有农药残留污染，同时要求有较高的土壤肥力。要求各污染物含量不应超过表5-4所列的限制，同时土壤中的六六六、滴滴涕（DDT）含量不能超过0.1毫克/千克。为了促使生产者增施有机肥，培肥地力，建议转化后的绿色食品用地土壤肥力应达到土壤肥力分级1~2级指标（表5-5）。

表5-4　绿色葡萄生产产地土壤质量标准

项目	指标/（毫克/千克）		
	pH<6.5	pH 6.5~7.5	pH>7.5
总汞	≤0.25	≤0.35	≤0.35
总砷	≤25	≤20	≤20
总铅	≤50	≤50	≤50
总镉	≤0.30	≤0.30	≤0.60
总铬	≤120	≤120	≤120
总镉	≤0.30	≤0.30	≤0.40
总铜	≤50	≤60	≤60

表 5-5　土壤肥力分级参考指标

项目	分级		
	1	2	3
有机质/(克/千克)	≥20	15~<20	<15
全氮/(克/千克)	≥1	0.8~<1	<0.8
有效磷/(毫克/千克)	≥10	5~<10	<5
有效钾/(毫克/千克)	≥100	50~<100	<50
阳离子交换量/(厘摩尔/千克)	>15	5~20	<5
土壤质地	轻壤	砂壤、中壤	砂土、黏土

2. 绿色葡萄生产对灌溉水质的要求

绿色葡萄生产用水质量要有保证：产地应选择在地表水、地下水质清洁无污染的地区；水域、水域上游没有对该产地构成威胁的污染源；生产用水质量符合绿色食品水质环境质量标准。绿色葡萄产地灌溉水质指标见表 5-6。

表 5-6　绿色葡萄产地灌溉水质指标

项目	指标	项目	指标
氯化物/(毫克/升)	≤250	铅/(毫克/升)	≤0.1
粪大肠菌/(个/升)	≤10000	镉/(毫克/升)	≤0.005
氟化物/(毫克/升)	≤2.0	铬（六价）/(毫克/升)	≤0.1
总汞/(毫克/升)	≤0.001	石油类/(毫克/升)	≤10
砷/(毫克/升)	≤0.05	pH	5.5~8.5

二、绿色葡萄生产的肥料选用

施用化肥必须满足绿色葡萄对营养元素的需要，使足够数量的有机物质返回土壤，以保持或增加土壤肥力及土壤生物活性。所有有机肥料或无机肥料，尤其是富含氮的肥料，对环境和葡萄（营养、味道、品质和植物抗性）不产生不良后果方可施用。

1. AA 级绿色葡萄生产的肥料施用要求

（1）允许施用的肥料　必须施用农家肥，如厩肥、堆肥、沤肥、沼气肥、绿肥、饼肥、作物秸秆肥等。在以上肥料不能满足AA级绿色葡萄生产需要时，允许施用商品肥料，如商品有机肥、有机无机复合肥、腐殖酸类肥料、生物肥料、无机肥料等。无机肥料只能施用矿物性物理或化学工业方法制成、养分是无机盐形式和无机矿质肥料，如硫酸钾、磷矿粉、钙镁磷肥、石灰、石膏、硫黄等。

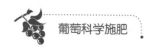

可采用秸秆还田、过腹还田、直接翻压还田、覆盖还田等形式，增加土壤肥力；利用覆盖、翻压、堆沤等方式合理利用绿肥。绿肥应在盛花期翻压，翻压深度为15厘米左右，盖土要严，翻后耙匀，压青后15~20天才能进行播种或移苗。

腐熟的沼气液、残渣及人畜粪尿可用作追肥，饼肥优先用于葡萄。

生物肥料可用于拌种，也可作基肥和追肥施用。生物肥料中有效活菌的数量应符合相关技术指标。

叶面肥料质量应符合GB/T 17419—2018《含有机质叶面肥料》或GB/T 17420—2020《微量元素叶面肥料》的技术要求。

（2）禁止施用肥料 禁止施用任何化学合成肥料，禁止施用城市垃圾和污泥、医院的粪便垃圾和含有毒物质（如毒气、病原微生物、重金属等）的垃圾，严禁施用未腐熟的人粪尿；严禁施用未腐熟的饼肥。

2. A级绿色葡萄生产的肥料施用要求

（1）允许施用的肥料 ①AA级绿色葡萄生产允许施用的肥料种类。②AA级绿色葡萄生产允许施用的肥料不能满足A级绿色葡萄生产需要的情况下，允许施用掺合肥（有机氮和无机氮之比不超过1∶1）。

当前面两项的肥料仍不能满足生产需要时，允许化学肥料（氮肥、磷肥、钾肥）与有机肥料混合施用，但有机氮与无机氮之比不超过1∶1。化学肥料也可与有机肥、复合微生物肥配合施用。对前面所提到的两种掺合肥，对葡萄最后一次追肥必须在收获前30天进行；城市生活垃圾一定要经过无害化处理，质量达到相关要求才能使用。

另外，对农家肥堆制标准也有严格规定。生产A级绿色葡萄的农家肥制作堆肥，必须高温发酵，以杀灭各种寄生虫卵、病原菌和杂草种子，使之达到无害化卫生标准（表5-7、表5-8）。农家肥原则上就地生产就地使用。商品肥料及新型肥料必须通过国家有关部门的登记及生产许可，质量指标应达到国家有关标准的要求。

表 5-7　高温堆肥卫生标准

编号	项目	卫生标准及要求
1	堆肥温度	最高堆温达 50~55℃，持续 5~7 天
2	蛔虫卵死亡率	95%~100%
3	粪大肠菌值	0.01~0.1
4	苍蝇	有效地控制苍蝇滋生，堆肥周围没有活的蛆、蛹或羽化的成蝇

表 5-8　沼气肥卫生标准

编号	项目	卫生标准及要求
1	密封贮存期	30 天以上
2	高温沼气发酵温度	(53±2)℃持续 2 天
3	寄生虫卵沉降率	95%以上
4	血吸虫卵和钩虫卵	在使用粪液中不得检出活的血吸虫卵和钩虫卵
5	粪大肠菌值	普通沼气发酵为 0.0001，高温沼气发酵为 0.0001~0.01
6	蚊子、苍蝇	有效的控制蚊蝇滋生，粪液中无孑孓，池的周围无活的蛆、蛹或新羽化的成蝇
7	沼气池残渣	经无害化处理后方可用作农肥

（2）禁止施用的肥料　未经无害化处理的城市垃圾或含有金属、橡胶和有害物质的垃圾。硝态氮肥和未腐熟的人粪尿。禁止将硝态氮肥与有机肥，或与复合微生物肥配合施用。

同时规定，因施肥造成土壤污染、水源污染，或影响农作物生长，农产品达不到食品安全卫生标准时，要停止使用该肥料，并向专门管理机构报告。

三、绿色葡萄生产的肥料施用原则

从绿色食品“安全、优质、环保、可持续发展”的理念出发，绿色葡萄生产施肥要遵循以下原则：

1. 持续发展

绿色葡萄生产中所施用的肥料应对环境无不良影响，有利于保护生态环境，保持或提高土壤肥力及土壤生物活性。要站在宏观战略高度，以整个农业生产安全、长久的思想为本，秉持“循环经济、生态农业”的理念，通过倡导秸秆还田、增施有机肥料、提倡施用生物肥料、减控化肥等具体措施，实现优质高产、培肥土壤、保护葡萄园生态环境和农业可持续发展的目标。

2. 安全优质

绿色葡萄生产中应使用安全、优质的肥料产品，生产安全、优质的绿色果品。肥料的施用应对果品的营养、味道、品质和植物抗性等不产生不良后果。

3. 化肥减控

在保障植物营养有效供给的基础上减少化肥用量，兼顾元素比例的平衡，无机氮素用量不得高于当季作物需要量的一半。因此，要在保证葡萄需肥量的基础上，通过减少化肥用量，增施农家肥料、商品有机肥料、生物肥料的用量，逐步改善果品品质、生态环境。

4. 有机为主

绿色葡萄生产过程中肥料种类的选取应以农家肥料、商品有机肥料、生物肥料为主，化学肥料为辅。

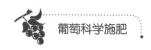

四、绿色葡萄生产的科学施肥建议

1. AA 级绿色葡萄生产科学施肥建议

（1）施用基肥为主 AA 级绿色葡萄生产不准施化学肥料，允许施用的有机肥料要经充分腐熟后与允许施用的无机矿物磷肥混合，晚秋初冬基施，满足葡萄树整个生长期对矿质元素的需要。

如果土壤肥力较差，有机质含量不到 20 克/千克，则葡萄树对肥料的依赖性更大。基肥的有机肥数量不宜太少，一部分可用于萌芽前做催芽肥施用。

有机肥用量大，应全园撒施于畦面上翻入土中，深度为 15~20 厘米。也可在离植株 50~80 厘米处开 20 厘米深的沟，条施覆土。

（2）果实膨大肥可肥水浇施 新梢生长偏弱，预计果实膨大期不能满足矿质营养需求，可将腐熟有机肥放入窖内，将肥料浸于水中，将肥水于畦面浇施。

浇施肥水时期应适当提前，因葡萄根系吸收有机肥料比化学肥料要缓慢，所以应等坐好果再施，否则会影响果实膨大。

（3）矿质钾和硫酸钾施用 如果施用矿质钾肥，可作为膨果肥和着色肥施用。每次施用量控制在 20 千克/亩以内。全园施用量根据已施用有

机肥的含钾量来确定，全年钾素用量应超过氮素用量。

2. A 级绿色葡萄生产科学施肥建议

（1）A 级绿色葡萄的肥料施用不同于健康合格葡萄的肥料施用　健康合格葡萄允许施用符合要求的氮、磷、钾等化学肥料，有机氮占全年氮肥用量不少于 50%；而 A 级绿色葡萄的肥料施用要求比健康合格葡萄高，只允许施用商品肥料中的掺合肥。

（2）以施用基肥为主　A 级绿色葡萄肥料施用以有机肥为主，将经充分腐熟的有机肥料和矿物磷肥混合，于晚秋初冬以基施为主，基本满足葡萄树整个生长期对矿质营养元素的需要。

有机肥用量多的应全园撒施于畦面上，然后翻入土中，深 15～20 厘米。也可在离植株 50～80 厘米处开 20 厘米深的沟，条施覆土。

（3）追肥为辅　A 级绿色葡萄生产允许施用商品肥料中掺合肥，如商品有机无机复合肥，这类肥料可以作为追肥施用，如催芽肥、膨果肥，施用量视树体生长而定，施肥时期应略早于施用化学肥料。

（4）施用矿质钾和硫酸钾　如果施用矿质钾肥，可作为膨果肥和着色肥施用。每次施用量控制在 20 千克/亩以内。全园施用多少根据已施用有机肥含钾量来确定，全年钾素用量应超过氮素用量。

第三节　有机葡萄生产科学施肥

有机葡萄的生产标准比绿色葡萄的生产标准高，从基地到生产，从加工到上市，都有非常严格的要求。

一、有机葡萄生产对产地环境的要求

有机食品生产的产地环境条件比无公害和绿色食品生产更加严格，生产基地应与其他生产区建立隔离区。防止非有机产品生产基地内有污染的灌溉水渗透到有机葡萄生产基地内。并严禁在废水污染源周围建立有机葡萄园（如重金属含量高的污灌区和被污染的河流、湖泊、水库和废水排放口，污水处理池，排污渠，有机生活垃圾、冶炼废渣、化工废渣、废化学药品周围等），以免用于葡萄园灌溉的水受到这些污染源的污染，影响葡萄树的生长。有机葡萄的灌溉用水必须清洁无污染，必须达到一定的标准，见表 5-9。

表 5-9 有机葡萄生产灌溉水质量标准

序号	项目	指标
1	生化需氧量（BOD_5）/(毫克/升)	≤150
2	化学需氧量（BOD_{cr}）/(毫克/升)	≤300
3	悬浮物/(毫克/升)	≤200
4	阴离子表面活性剂（LAS）/(毫克/升)	≤8.0
5	凯氏氮/(毫克/升)	≤30
6	总磷（以P计）/(毫克/升)	≤10
7	水温/℃	≤35
8	pH	5.5~8.5
9	全盐量/(毫克/升)	1000（非盐碱地区） 2000（盐碱地区）
10	氯化物/(毫克/升)	≤250
11	硫化物/(毫克/升)	≤1.0
12	总汞/(毫克/升)	—
13	总镉/(毫克/升)	—
14	总砷/(毫克/升)	≤0.1
15	铬（六价）/(毫克/升)	≤0.1
16	总铅/(毫克/升)	≤0.1
17	总铜/(毫克/升)	≤1.0
18	总锌/(毫克/升)	≤2.0
19	总硒/(毫克/升)	≤0.02
20	氟化物/(毫克/升)	≤2.0（高氟区） ≤3.0（一般地区）
21	氰化物/(毫克/升)	≤0.5
22	石油类/(毫克/升)	≤10
23	挥发酚/(毫克/升)	≤1.0
24	苯/(毫克/升)	≤2.5
25	三氯乙醛/(毫克/升)	≤0.5
26	丙烯醛/(毫克/升)	≤0.5
27	硼/(毫克/升)	≤1.0

二、有机葡萄生产的肥料选用

1. 有机葡萄生产中肥料的选用标准

有机葡萄生产过程中，根据有机产品标准 GB/T 19630—2019《有机产

品　生产、加工、标识与管理体系要求》，不允许使用化学合成农药、化肥、生长调节剂等物质；禁止在有机生产体系或有机产品中引入或使用转基因生物及其衍生生物，包括植物、动物、种子、繁殖材料及肥料、土壤改良物质、植物保护产品等农业投入物质。存在平行生产的农场，常规生产部分也不能引入或使用转基因生物。在葡萄种植中不准使用经过化学处理和基因改造的种子、种苗。有机葡萄种植允许使用的土壤培肥和改良物质见表5-10。

表5-10　有机葡萄种植允许使用的土壤培肥和改良物质

物质类别		物质名称、组分和要求	使用条件
植物和动物来源	有机农业体系内	作物秸秆和绿肥	
		畜禽粪便及其堆肥（包括圈肥）	
	有机农业体系外	秸秆	与动物粪便堆制并充分腐熟后
		畜禽粪便及其堆肥	满足堆肥要求
		干的农家肥和脱水的家畜粪便	满足堆肥要求
		海草或物理方法生产的海草产品	未经过化学加工处理
		来自未经化学处理木材的木料、树皮、锯屑、刨花、木灰、木炭及腐殖酸物质	地面覆盖或堆制后作为有机肥源
		未掺杂防腐剂的肉、骨头和皮毛制品	经过堆制或发酵处理后
		蘑菇培养废料和蚯蚓培养基的堆肥	满足堆肥要求
		不含合成添加剂的食品工业副产品	应经过堆制或发酵处理后
		草木灰	
		不含合成添加剂的泥炭	禁止用于土壤改良；只允许作为盆栽基质使用
		饼粕	不能使用经化学方法加工的
		鱼粉	未添加化学合成的物质

（续）

物质类别	物质名称、组分和要求	使用条件
矿物来源	磷矿石	天然的，通过物理方法获得，镉含量小于90毫克/千克
	钾矿粉	物理方法获得的，未通过化学方法浓缩。氯含量少于60%
	硼酸岩	
	微量元素	天然物质或未经化学处理
	镁矿粉	天然物质或未经化学处理
	天然硫黄	
	石灰石、石膏和白垩	天然物质或未经化学处理
	黏土（如珍珠岩、蛭石等）	天然物质或未经化学处理
	氯化钙、氯化钠	
	窑灰	未经化学处理
	钙镁改良剂	
	泻盐类（含水硫酸盐）	
微生物来源	可生物降解的微生物加工副产品，如酿酒和蒸馏酒行业的加工副产品	
	天然存在的微生物配制的制剂	

施肥时还应注意以下七点：

1）保证施用足够的有机肥以维持和提高土壤肥力、营养平衡和土壤生物活性。有机肥应主要源于本园或有机农场（或畜牧场）；当遇到特殊情况（如采用集约耕作方式）或处于有机转换期或证实有特殊的养分需求时，经认证机构许可可以购入一部分园外的肥料。外购的商品有机肥，应通过有机认证或经认证机构许可。

2）认证机构应根据当地条件和葡萄树的特性，对投入园内的微生物、植物和动物可生物降解材料的总量进行控制，以防土壤有害物质积累。应严格控制矿物肥料的使用，以防止它们在土壤中富集。微生物、植物和动物等可生物降解材料应成为施肥计划的基础。

3）限制使用人粪尿。必须使用时，应当按照相关要求进行充分腐熟

和无害化处理，并不得与葡萄树食用部分接触。

4）施肥时尽量减少养分流失，避免重金属和其他污染物的积累，天然矿物肥料和生物肥料不得作为系统中营养循环的替代物，矿物肥料只能作为长效肥料并保持天然组分，禁止采用化学处理提高其溶解性。

5）有机肥堆制过程中允许添加来自于自然界的微生物，但禁止使用转基因生物及其制品。

6）当有理由怀疑肥料存在污染时，应在施用前对其重金属含量或其他污染因子进行检测。禁止使用化学合成肥料和城市污水污泥。

7）在使用保护性的建筑覆盖物、塑料薄膜、防虫网时，只允许选择聚乙烯、聚丙烯或聚碳酸酯类产品，并且使用后应从土壤中清除。禁止焚烧，禁止使用聚氯类产品。

2. 有机葡萄园的土壤消毒

有机葡萄园的土壤消毒主要依靠热力技术，如土壤暴晒、施肥发酵等。土壤暴晒技术是在潮湿土壤上（一般要求含水量在60%~70%），于炎热的季节（夏季）用塑料薄膜覆盖土壤4周以上，以提高土壤温度，杀死或减少土壤中有害微生物的一项技术，主要方法有以下几种：

（1）双层膜覆盖　在暖温带地区，使用双层膜覆盖土壤，防止热量、温度和挥发气体的散失，能提高温度3~10℃，增加防治有害生物的效果。

（2）黑色膜覆盖加土壤热水处理　田间应用黑色膜覆盖，同时结合热水处理土壤（在10~20厘米深的土壤中灌进15~20℃的温水），能使土壤温度提高，提高防治效果。

（3）施未腐熟有机肥　对薄膜下的土壤施未腐熟的有机肥，靠有机物的腐熟发酵进一步增温。

（4）电热线加温　在薄膜下的土壤中埋设电热线，通过电加热进一步增温。

（5）热塑料膜加杀菌杀虫剂　使用能吸收红外线的热塑料膜，土壤覆膜和加入有机农业允许使用的杀菌杀虫剂可进一步提高消毒效果。

（6）深翻换土　在定植穴内进行深翻，把定植穴内0.5米^{3}的土壤挖走，换好土埋入定植穴，然后栽植葡萄树。

（7）消毒后增施肥料　土壤消毒后，在增施有机肥料的同时，必须配合增加有益微生物，这样一方面可以对抗病原菌，另一方面可以促进有机物质分解，增加土壤活力。

三、有机葡萄生产的科学施肥建议

1. 重视基肥施用

按生产 1000 千克有机葡萄，施用优质有机肥不少于 3000 千克/亩，基本能满足葡萄对矿质营养的需求。

基肥施用方法：将各种有机肥料和磷、钾肥混匀后撒施在畦面上并翻入土中，或开条状沟将混匀的肥料施入沟中并覆土。

2. 适当追肥

若葡萄树生长期因氮素营养不够而生长较弱，可选用富氮有机肥，如经腐熟的人、畜、禽粪尿，腐熟的饼肥，沼液肥等。施用时期、施用量根据树体生长而定，施肥时期应早于化学肥料习惯施肥时期，若果实膨大期化学肥料在坐好果后施用，则腐熟有机肥应提早 7~10 天施用，即开花就施用。施肥方法以沟施覆土或撒施于畦面上后翻入土中，施肥后要灌水。

身边案例

王文选有机巨峰葡萄施肥技术

位于辽宁北部的铁岭市是辽宁北部巨峰葡萄的主产区，巨峰葡萄栽培面积已达到 6 万亩。王文选从 1997 年开始进行绿色有机食品葡萄基地建设，连续 5 年施用酵素菌生物有机肥，不使用任何化肥，只对枝叶喷波尔多液和石硫合剂，不使用任何有害农药和各类植物生长调节剂。通过实施一系列有机食品综合配套技术，使巨峰葡萄果实可溶性固形物含量达 20%以上，果肉脆硬，色泽浓艳，果粉完整，果面清洁光亮，果粒硕大整齐。该葡萄于 2001 年底通过了欧盟有机食品（ECOCERT）国际认证，开创了我国有机葡萄的先河。

1. 园地选择与改造

选择土壤、大气和水质等生态环境条件符合有机食品种植要求（略高于 AA 级绿色食品标准）、适合巨峰葡萄生长的地块建园。一般选择地势高燥、背风向阳地带，土壤有机质含量在 1.5%以上的砂壤土，pH 为 6.5~7.5，地势平坦，交通方便，距主要交通干道（县级以上公路）200 米以上，距污水、废气、废物等污染源要在 5 千米以上，并且在污染源的上游。葡萄园的面积不少于 200 亩（长、宽均不少于 100 米），在园地外围营造防护林带（宽 10 米以上），并修筑外循环作业路及葡萄墙、高埂等隔离带，防止外围的农药、化肥等污染物侵入。

栽植以前5~6年施用散养农家肥+绿色米糠+秸秆（防寒换下来的秸秆）+酵素菌发酵堆肥，土壤通过5~6年的改良和净化，栽植沟内的土壤有机质含量达到8%以上，以后每年施用葡萄架下种植的绿肥。按此工艺从种植起，前4年结的果实只能作为转换期产品，第四年以后结的果实才可能达到有机葡萄标准。

2. 建园与肥水管理

改革传统的栽培架式，采用双臂棚篱架，宽沟双行，宽窄行结合，独龙蔓整形栽植，以利防寒和架面通风透光。栽植前挖宽1.6米、深0.6米的栽植沟，用表土和酵素菌堆肥回填后，沟内栽植双行苗木，窄行间距为0.8米，宽行间距为3.8~4.0米，株距为0.5米，每亩栽植550~600株。增加单位面积栽植株数，在保证一定产量的基础上，最大限度提高品质。苗木栽植后浇穴水，地膜覆盖。栽植当年秋季冬剪后，在窄行外侧距葡萄主干20厘米处开沟施入酵素菌堆肥3~4米^3/亩。每年秋季果实采收后一次性施入酵素菌堆肥3~4米^3/亩，在行间内外距主干20~30厘米处轮流施入。从第六年开始，每年施用葡萄落叶和架下绿草沤肥。除上架、下架灌水外，其他季节除特殊干旱一般不灌水，果实采前40天禁止灌水。

3. 酵素菌堆肥的制作

（1）材料　每亩用酵素菌5千克、绿色米糠25千克、散养农家肥（羊粪等）1米^3、秸秆或锯末等有机物1000千克，也可加入30~40千克非转基因豆饼，50~100千克叶岩、氟石等。

（2）制作方法　将酵素菌与绿色米糠混合后，均匀拌入秸秆与散养农家肥的混合物中（农肥和秸秆要用水湿润，以手握出水而不滴出水为宜）。堆肥高1.2~1.5米、宽2~3米，插上温度计，并用草苫覆盖，当堆肥温度达到60℃时即可翻堆，夏秋季节每隔3~7天翻堆1次；冬季所需时间长些，共翻堆3~4次，一般经过30~60天的发酵，堆肥颜色达到黑褐色时即可施用。通过发酵可使营养成分进一步分解、转化，并杀死堆肥中的病原菌和虫卵，分解堆肥中的污染物，使其净化。

4. 有机食品巨峰葡萄质量标准

果面清洁光亮，无病、虫、伤、残、畸形果粒，色泽艳丽，颜色为紫黑、黑或蓝黑色，果粒硕大、整齐、均匀，每穗有果粒28~30粒，单粒重11~12克，单穗重300~350克，穗轴顶端长5厘米以上，并达到木质化或半木质化，果实可溶性固形物含量在20%以上，酸度为0.4%~0.6%，糖酸比均衡，皮薄，肉硬，可切成薄片，风味纯正，极耐贮运。

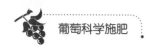

参 考 文 献

[1] 郭大龙. 葡萄科学施肥［M］. 北京：金盾出版社，2013.

[2] 杨治元. 葡萄营养与科学施肥［M］. 北京：中国农业出版社，2009.

[3] 刘淑芳，贺永明. 葡萄科学施肥与病虫害防治［M］. 北京：化学工业出版社,2016.

[4] 杜国强，师校欣. 葡萄园营养与肥水科学管理［M］. 北京：中国农业出版社,2014.

[5] 张新明，张志华. 绿色食品：肥料实用技术手册［M］. 北京：中国农业出版社，2016.

[6] 宋志伟，杨净云. 无公害果树配方施肥［M］. 北京：化学工业出版社，2017.

[7] 宋志伟，等. 果树测土配方与营养套餐施肥技术［M］. 北京：中国农业出版社，2016.

[8] 宋志伟，等. 农业节肥节药技术［M］. 北京：中国农业出版社，2017.

[9] 宋志伟，邓忠. 果树水肥一体化实用技术［M］. 北京：化学工业出版社，2018.

[10] 姜存仓. 果园测土配方施肥技术［M］. 北京：化学工业出版社，2011.

[11] 全国农业技术推广服务中心. 北方果树测土配方施肥技术［M］. 北京：中国农业出版社，2011.

[12] 劳秀荣，杨守祥，韩燕来. 果园测土配方施肥技术［M］. 北京：中国农业出版社，2008.

[13] 张昌爱，劳秀荣. 北方果树施肥手册［M］. 北京：中国农业出版社，2016.

[14] 张洪昌，段继贤，王顺利. 果树施肥技术手册［M］. 北京：中国农业出版社，2014.

[15] 新疆慧尔农业科技股份有限公司. 新疆主要农作物营养套餐施肥技术［M］. 北京：中国农业科学技术出版社，2014.

[16] 张福锁，陈新平，陈清，等. 中国主要作物施肥指南［M］. 北京：中国农业大学出版社，2009.

[17] 赵永志. 果树测土配方施肥技术理论与实践［M］. 北京：中国农业科学技术出版社，2012.

[18] 中国化工学会化肥专业委员会，云南金星化工有限公司. 中国主要农作物营养套餐施肥技术［M］. 北京：中国农业科学技术出版社，2013.

[19] 翟秋喜，魏丽红. 葡萄高效栽培［M］. 北京：机械工业出版社，2014.

[20] 王江柱，赵胜建，解金斗. 葡萄高效栽培与病虫害看图防治［M］. 2 版. 北京：化学工业出版社，2018.

[21] 王文选，徐英卓，陶丽珠. 有机食品巨峰葡萄栽培技术［J］. 中外葡萄与葡萄酒，2003（4）：39-41.